— 物理科普简说译丛 —

Nuclear Weapons:
A Very Short Introduction

简说核武器

〔美〕约瑟夫·M. 西拉库萨（Joseph M. Siracusa）著

刘翔 庞成群 译

兰州大学出版社
LANZHOU UNIVERSITY PRESS

图书在版编目（CIP）数据

简说核武器 /（美）约瑟夫·M.西拉库萨

（Joseph M. Siracusa）著；刘翔，庞成群译. -- 兰州：

兰州大学出版社，2024. 7. --（物理科普简说译丛 /

刘翔主编）. -- ISBN 978-7-311-06684-0

Ⅰ. E928-49

中国国家版本馆 CIP 数据核字第 2024U601K3 号

责任编辑　冯宜梅
封面设计　汪如祥

书　　名　简说核武器
作　　者　〔美〕约瑟夫·M.西拉库萨(Joseph M. Siracusa)　著
　　　　　刘　翔　庞成群　译
出版发行　兰州大学出版社　（地址:兰州市天水南路222号　730000）
电　　话　0931-8912613(总编办公室)　0931-8617156(营销中心)
网　　址　http://press.lzu.edu.cn
电子信箱　press@lzu.edu.cn
印　　刷　陕西龙山海天艺术印务有限公司
开　　本　880 mm×1230 mm　1/32
印　　张　5.375(插页4)
字　　数　113千
版　　次　2024年7月第1版
印　　次　2024年7月第1次印刷
书　　号　ISBN 978-7-311-06684-0
定　　价　45.00元

总　序

在科技浪潮汹涌澎湃的今日，科普工作的重要性愈发凸显。它不仅是连接深邃科学世界与普罗大众之间的无形之桥，更是培育科技创新人才、提升全民科学素养的必由之路。习近平总书记在给"科学与中国"院士专家代表的回信中明确指出："科学普及是实现创新发展的重要基础性工作。"这一重要论述，不仅深刻揭示了科普工作在创新发展中的基础性、先导性作用，更为我们指明了在新时代背景下加强国家科普能力建设、实现高水平科技自立自强、推进世界科技强国建设的方向。

兰州大学出版社精心策划并推出"物理科普简说译丛"，正是基于这样的深刻认识，也是对习近平总书记这一重要论述的积极响应和生动实践。

这套译丛选自牛津大学出版社的"牛津通识读本"系列，我们翻译了其中五本物理学领域的经典之作——《简说放射性》《简说核武器》《简说磁学》《简说热力学定律》和《尼尔斯·玻尔传》。这是一套深入浅出的物理科普著作，它将物理学的基本概念、原理和前沿进展呈现给读者。我们希望读者不仅能够获得知识，更能够感受到科学探索的乐趣，了解物理学在现代社会中的重要作用，了解物理学不只是冰冷的公式和理论，它还与我们的日常生活息息相关，影响着我们观察世界的方式。

翻译这样一套丛书，既是一种挑战，也是一次难得的学习经历。在翻译过程中，我和我的同仁们——兰州大学物理科学与技术学院的师生，深感责任重大。物理术语的准确性、概念的清晰表达以及文化的差异，都是我们在翻译时必须仔细斟酌和考虑的问题。我们的目标是尽可能保留原作的精确性和趣味性，同时确保中文读者能够无障碍地享受阅读，并从中获得知识。

我们期待这套译丛能为我们的读者提供一扇窥探物理世界奥秘的窗口，我们也寄希望于为推动科技进步和社会发展贡献一份力量。展望未来，我们将继续秉承"科学普及是实现创新发展的重要基础性工作"的理念，不断加强自身科普能力，推动科普事业向更高水平发展。同时，我们也呼吁更多的科技工作者加入科普工作的行列，共同推动科普事业蓬勃发展。我们相信，在全社会共同努力下，科普事业定将迎来更加美好的明天。

最后，我想向所有为这套书的诞生付出努力、提供支持的同仁和朋友们表达我的感谢。感谢他们为我们在翻译过程中遇到的问题提供了专业解答。在此，我也诚挚地邀请各位读者打开这套书，随我一同踏上一段探索物理世界的精彩旅程。

刘　翔

2024 年 6 月

前　言

在强调"没有什么比核武器更能危及世界"这一主题的同时，本次修订的主要目的是回顾核武器的历史发展以及冷战结束以来核武器政策的演变（见第7章）。本修订版仍将重点放在关于核武器的发展和其催生的政策中最重要、最具普遍性，且往复出现的问题。所有的讨论都基于一个前提：核武器仍然是重要的。自75年前，广岛和长崎被投放原子弹之前①，核武器从未被出于愤怒而使用过，然而，对其潜在使用的担忧显然一直存在。美国众议院服务委员会主席、众议员亚当·史密斯在2018年指出："如果你引入核武器，你就无法预测你的对手会采取什么反击措施，结果很可能是一场全面核战争，地球将彻底毁灭。"

1991年，苏联解体，但这并没有解决我们与核武器危险共存的问题。核历史从未消亡，甚至也没有过去。正如比尔·克林顿总统时期的首任国防部长莱斯·阿斯平所说的那样："冷战已经结束，苏联已经不复存在。然而冷战的过去并不意味着核武器的过时。"尽管各国在努力削减核储

---

① 译者注：距离本书的修订时间。

备量至零，但核武器仍将存在。借用美国前国务卿马德琳·奥尔布赖特的话来说，我们已经走过了每夜担忧——或许仅仅出于误解——我们的世界将会毁灭，清晨永远不会到来的时代。

核威慑仍是许多国际关系的基础，在未来可能还会变得更加重要。核武器的扩散可能会产生两种潜在的灾难性影响。第一个影响是遭遇恐怖分子获得核武器后的威胁，这一威胁自"9·11"事件以来变得十分突出。本·拉登的追随者还没有成功发动核攻击，但是根据核分析师的研究，他们具备这样的能力。少量的浓缩铀、可以在互联网上轻易获得的军用物资、再加上一小队经过特殊训练的恐怖分子，他们就能在数月时间内组装核武器，并通过空中、海上、铁路或公路系统运送它们。这种袭击如果发生在纽约或伦敦市中心的话，其影响几乎是不可想象的。

核武器扩散的第二个影响是核威慑的普遍化。这将使国际安全形势变得非常复杂，且核威慑的普遍化对国际安全各个方面的影响更难消除。随着越来越多的国家以提高声望或克服他们所认为的安全威胁而加入核俱乐部，它们将经历自己的核学习曲线。正如拥核国家过去75年的经验所表明的那样：拥核的过程并不顺利，其间极有可能引发灾祸。

1945年8月，在第二次世界大战的最后阶段，当原子弹被投放在日本本土时，人们立刻意识到它远不止是另一种有效的武器（当然它的确是有效的，事实证明这枚炸弹比220架B-29型飞机携带的1 200吨燃烧弹、400吨高爆炸弹和500吨杀伤性破片炸弹更有效）。在许多方面，广岛事件不是那种事后才被认定的分水岭事件。杜鲁门总统当时就向倍受震惊的世界描述了这一事件。他称核武器为"对宇宙基本力量的利用"——这是一个被权威原子科学家们广为认同的观点。

　　七年后，美国又在核的阶梯上更进了一步。1952年，美国在太平洋上引爆了第一个热核装置。这个被称为"麦克"的炸弹爆炸产生的威力，比在广岛引爆的那枚还要强500倍。爆炸过程中试验岛从地图上被直接抹去。氢弹的确改变了一切，改变了战争与和平的本质。像丘吉尔所说，尽管原子弹带来了恐惧，但是它并未将局面带至我们难以掌控的地步，然而氢弹会导致整个人类社会基础的变革。事实上，它带来了一个全新的世界。

　　随后，核时代的统计数据样本能够让我们清醒地认识到这个问题的严重性。在过去75年中，全球已生产超过128 000枚核武器，其中大约98%都是由美国和苏联生产的。核俱乐部的九个成员国：美国、俄罗斯、英国、法国、印度、巴基斯坦、中国、以色列和朝鲜，拥有大约27 000枚现役核武器。全世界至少另有15个国家，目前拥有足够制造核武器的高浓缩铀。而同样是这些国家，已经拥有运载核武器的运载工具或弹道导弹系统。

在这一背景下，本书我们将讨论：核武器的科学以及它们与常规武器的不同之处；打败了纳粹科学家的"制造核武器竞赛"；1949年8月苏联引爆原子弹以前，人们试图控制核武器的历史；制造氢弹的竞赛及其革命性意义；在国际形势不断变化的背景下，从冷战到现在核威慑和军备控制的历史；导弹防御策略的前景和承诺，包括从第二次世界大战结束，罗纳德·里根保护美国本土免受苏联大规模弹道导弹攻击（"星球大战"）的梦想，以及冷战后华盛顿降低目标，以抵御个别拥核国家发射的少量弹道导弹（国家导弹防御）；最后是核武器的历史发展及其自冷战结束后产生的政策。

约瑟夫·M. 西拉库萨　教授

澳大利亚　珀斯　科廷大学

目　录

第一章

什么是核武器

1951 年，新成立的美国联邦民防管理局（Federal Civil Defense Administration，FCDA）①委托制作了一部影片，指导儿童们在遭受核袭击时该如何应对。最终，一部时长九分钟的影片《卧倒并掩护》（*Duck and Cover*）问世，并于 20 世纪 50 年代在美国各地校园放映。影片中的卡通人物伯特龟非常机警，知道该怎么做——卧倒并掩护。在一听到警报声或预示着核爆炸的强光闪烁时，伯特龟会立刻把身体缩进龟壳里。这看起来很简单。大家都很喜欢这只乌龟。

20 世纪 50 年代初，FCDA 的其他举措还促成了应急广播系统、食物储备、民防课程以及公共和私人防空洞的建立。FCDA 还委托制作了其他民防影片，但《卧倒并掩护》是最著名的一部（图 1）。2004 年，美国国会图书馆甚至将其列入国家电影登记处的具有"文化、历史或美学"意义的电影，与《一个国家的诞生》《卡萨布兰卡》和《辛德勒

① 联邦民防管理局（FCDA）成立后，1958 年与国防动员办公室合并，国防动员办公室取代了 FCDA。

图1 卧倒并掩护

4

的名单》等经典故事片齐名。回想我第一次接触伯特龟是在20世纪50年代初，当时我正在芝加哥北部上小学。芝加哥作为美国第三大城市，长期以来是最受欢迎的假想核打击目标。我当然知道，伯特龟与文化、历史或美学关系不大，仅是与宣传有关。不这样的话，美国的学童们永远都不知道他们会受到什么袭击。

核武器背后的科学

原子能是核反应堆和核武器的威力来源。这种威力的能量来自原子的分裂（裂变）或结合（聚变）。要了解这种能量的来源，我们首先必须了解原子本身的复杂性。

原子是保持元素性质的最小粒子。直到20世纪初，人们对于原子本质的认识才慢慢加深。1911年，欧内斯特·卢瑟福（Ernest Rutherford）爵士取得了第一个突破性进展。他确定了原子的质量集中在原子核中。他还提出原子核带正电荷，周围是带负电荷的电子。几年后，丹麦物理学家尼尔斯·玻尔（Niels Bohr）对原子结构这一理论进行了完善，他将电子置于确定的壳层或量子能级中。因此，原子是由带负电荷的电子组成的复杂排列，这些电子位于带正电荷的原子核周围的特定壳层中。原子核则包含了原子的大部分质量，由质子和中子组成（普通的氢除外，它只有一个质子），所有原子的大小大致相同。

此外，带负电荷的电子在原子核周围特定的能级内遵循随机模式。原子的大多数特性都基于电子的数量和排列。质子是原子核中的两种粒子之一，它是一种带正电荷的粒子。质子的电荷与电子的电荷相等但符号相反。原子核中质子的数量决定了它是哪种化学元素。中子是原子核中的另一种粒子。中子由英国物理学家詹姆斯·查德威克（James Chadwick）爵士于1932年发现。它不带电荷，质量与质子相同。由于不带电荷，中子不会受到电子云或原子核的排斥，因此成为探测原子结构的有用工具（图2）。即使是单个的质子和中子也有内部结构，称为夸克，但这些亚原子粒子不能被释放出来单独研究。

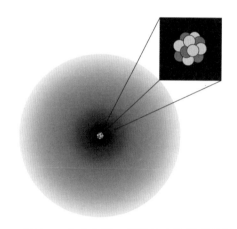

图2 一个由电子、质子和中子组成的原子，质子和中子组成致密的原子核，而电子形成较为松散的电子云围绕在原子核周围。

原子的一个主要特征是原子序数，即质子数。原子的化学性质由原子序数决定。原子中所谓核子（质子和中子）的总数就是原子质量数。原子序数相同，但由于中子数不同而导致原子质量不同的原子称为同位素。一种元素的同位素具有相同的化学性质，但其核性质却大相径庭。例如，氢有三种同位素，其中两种是稳定的（无放射性），但氚（一个质子和两个中子）是不稳定的。大多数元素都有稳定的同位素，那些放射性同位素是元素的不稳定同位素。铀-235原子（铀的化学符号是U）的原子核由92个质子和143个中子（92+143=235）组成，因此被写成U^{235}。

原子核的质量比其单个质子和中子的质量和小约1%，这种差异被称为质量亏损。质量亏损是由核子结合在一起形成原子核时释放能量造成的。这种能量被称为结合能，它反过来又决定了哪些原子核是稳定的，以及在核反应中会释放多少能量。极重核和极轻核的结合能较低，这意味着重核分裂时释放能量，而轻核结合时释放能量。质量亏损和结合能可极好地关联到爱因斯坦的质能方程$E=mc^2$。

1905年，爱因斯坦提出了狭义相对论，其含义之一是物质和能量是可以相互转换的。这个方程式指出，质量（m）可以转化为巨大的能量（E），其中c是光速。由于光速是一个很大的数字（299 792 458 m/s），因此c的平方更大。少量的物质可以转化为巨大的能量。爱因斯坦的质能方程是核武器和核反应堆威力巨大的原理。裂变反应被应用于第一颗原子弹，现在仍被应用于核反应堆。而聚变反应在核武器和核反应堆的开发中更是变得愈发重要。

那么，核武器的真实威力到底有多大？它与之前的武器有何不同？简单地说，核武器与常规武器的根本区别在于：核爆炸的威力可能是最大常规爆炸的数千倍（或数百万倍）。可以肯定的是，这两种武器都依赖于爆炸或冲击波的破坏力。然而，核爆炸所达到的温度要比常规爆炸高得多，而且核爆炸中的大部分能量是以光和热的形式释放出来的——一般称为热能。这种能量会造成严重的皮肤灼伤，而且能在相当远的距离外引发火灾。事实上，由此产生的火焰风暴造成的破坏力可能远远超过众所周知的爆炸效应。

核爆炸还伴随着放射性沉降。这种现象虽然仅持续几秒钟，但是它带来的危险却可以存在相当长的一段时间，有时，甚至可以存在几年。事实上，辐射的释放是核爆炸所特有的。核爆炸的能量，大约有85%会转换为冲击波和热能，其余15%会以各种辐射形式释放。

在辐射中，初始核辐射约占核爆炸能量的5%，其主要是爆炸发生后一分钟内产生的辐射，主要由强大的伽马射线组成；残余（或延迟）核辐射由最后10%的能量构成，这种辐射来自核裂变的残留物以及爆炸后产生的武器碎片和放射性尘埃。

同样重要的还有如何描述核爆炸时产生的能量。我们通常以"当量"定义核爆炸时产生的能量大小。当量是以爆炸时产生相同能量的常规炸药或三硝基甲苯（TNT）的数量来表示的。因此，1 000吨级核武器在爆炸时产生的能量相当于1 000吨TNT；同样，1百万吨级核武器的能量相当于1百万吨TNT。

1945年8月，摧毁广岛的铀基武器的能量来自原子的分裂，其当量相当于2万吨TNT炸药。1952年10月，美国在太平洋进行了氢弹试验，氢弹能量来自原子的结合，其当量估计为700万吨TNT炸药，并产生了由伽马射线造成的致命放射性尘埃。1953年8月，苏联也进行了类似的热核试验。这两个冷战时期的超级大国就此开始了致命的核竞赛，直到1991年12月苏联解体。

不幸的是，冷战的和平结束并不意味着影响全球安全的核威胁的结束。或者，可以引用英国前首相托尼·布莱尔（Tony Blair）为其政府更新和替换英国三叉戟核武器系统的计划所做的辩护来说明这一问题（见第7章）：

> 还有一种新的、潜在的威胁来自新的拥核国家，更不用说还有国际恐怖组织的存在。再加上一心想要获取大规模杀伤性武器的无国界恐怖组织，以及不法供应商的黑市网络。他们都非常愿意从事核武器材料和专业技术的交易。我们不得不应对核爆炸所带来的人道主义、法律和秩序以及后勤方面的挑战，随之而来的噩梦可能会猝不及防地在任何一个大城市发生，蔚为壮观，后果远超"9·11"事件的影响。

纽约市的场景

我们假想一下，一个相对小当量的核弹，比如当量是15万吨，在曼哈顿的心脏——帝国大厦脚下，被恐怖分子引爆的情形。这本是一个阳光明媚的午后，但是灾难就此开始。引爆的第1秒后，冲击波会导致距离地面640米的范围内发生137 895 N/m²的环境压力骤变。帝国大厦、麦迪逊花园广场、宾州中央火车站和无与伦比的纽约公共图书馆等曼哈顿的重要地标将被摧毁。这些建筑的大部分材料虽被保存下来，但在爆炸产生的冲击下，被埋进百米深的地下，并将无法辨认。室外活动的人会受到爆炸的全面影响，遭遇严重的肺部和耳膜损伤，同时，还要面对空中飞溅的碎片。处于爆炸直接视线范围内的人，会因受到热脉冲的影响而当场死亡。即便躲过一劫，还会有大约7.5万人死于建筑物倒塌。在接下来的15秒内，爆炸和火焰风暴将蔓延近6公里，并导致近75万人死亡，90万人受伤。然而，对于整个纽约市来说，灾难才刚刚开始。

救治伤员的任务远远超出了医疗系统的承受能力，甚至超出了人们的想象力。除一家医院外，曼哈顿所有位于爆炸区内的大型医院都将完全被摧毁。整个纽约市和新泽西州都没有足够的病床来收治最危重的伤员。全美国的烧伤中心总共只有3 000张病床，成千上万的人将因缺医少药而死亡。与此同时，纽约市大部分地区将停电、停气、停水或停排污，市政设施全面停摆。运输伤员以及必要物资、救灾人员和设备的能力严重不足。大量纽约市民无家可归，应急救援人员难以在充满危险的核辐射地区完成任务。

与并未接触地面的类似规模的空爆相比，恐怖分子引发的爆炸会产生更多的早期放射性沉降物。这是因为地面爆炸会产生放射性微粒。早期放射性沉降物会顺着盛行风飘回地面，形成一个从爆炸中心一直延伸到长岛的椭圆形图案。由于风力相对较小，沉降物将集中在爆炸中心东面的曼哈顿地区。成千上万的纽约人会受到严重的辐射病影响，包括染色体损伤、骨髓和肠道坏死以及大出血。在未来的几天或几周内，会有人陆续死于这些病患。爆炸的幸存者中会约有20%的人死于某种形式的癌症，另约有80%的人死于心脏病或感染等。

2007年1月，负责管理"末日时钟"的科学家们将它向意味着人类文明毁灭的午夜拨近了2分钟——1947年，《原子科学家公报》（*Bulletin of The Atomic Scientists*）为了警告核武器的危险而创建了这个"末日时钟"。此时，他们将时钟提前到了距离象征世界末日的午夜只有5分钟。冷战已经过去，核武器的危险仍然是最突出的问题。"我们正站在第二个核时代的边缘"，该组织在一份声明中说。它指的是2006年朝鲜的第一次核武器试验，伊朗的核计划，美国的原子"掩体炸弹"，以及核俱乐部可用的27 000枚核武器。

科学家们还提醒我们，现在仅需 50 枚核武器就能毁灭多达 2 亿人。2019 年，在新的不正常现象（其中也包括气候变化的威胁）的预兆下，"末日时钟"距离午夜还有 2 分钟。科学家们现在不得不面对现有军备控制制度日益脆弱的问题，以及该制度逐渐消失可能带来的后果。

"末日时钟"自 1947 年被设定距离午夜为 7 分钟以来，它的指针已经走动了 18 次。1953 年初，美国成功进行了代号为"迈克"的氢弹试验，氢弹以某种方式使太平洋岛屿试验场气化。就在同一时间，我第一次见到了乌龟伯特和他那阴沉的警告"卧倒并掩护"。

第二章

核武器的诞生

　　自 1944 年年底以来，美国远程 B-29 轰炸机进行了历史上最大规模的空袭。在整个行动中，美国总共向日本投下了约 16 万吨炸弹。东京市中心和日本其他一些城市都遭受了毁灭性打击。空袭中 33.3 万名日本士兵和 50 万名日本平民受伤。

　　这种大规模的生命和财产损失并非史无前例。直到 1945 年 5 月纳粹投降，英国和美国在德国的 131 个城镇投下的炸弹最终造成了 63.5 万人死亡，750 万人无家可归，其中大部分人是平民。理由很简单，德国修正主义者约格·弗里德里希（Jorg Friedrich）在其关于二战期间盟军轰炸德国的研究中指出："我们的想法是，城市及其产出对战争和士气起到了促进作用。因此，战争不仅仅是一支军队的事，更是关乎国家的事。"在全面战争中，每件事、每个人都成了目标。当然，这对同时代的乔治·奥威尔（George Orwell）等人来说并不是什么新闻。乔治·奥威尔在写于 1941 年 2 月的伟大散文《英格兰你的英格兰》（*England*

Your England）中提醒我们："高度文明的生物正在头顶上飞行，并试图杀死我。"

现在轮到希特勒的盟友了。日本的经济几乎被战争摧毁殆尽，但日本仍拒绝投降。日本政府内部也曾有投降的声音，但是盟军坚持日本必须无条件投降，这导致日本军国主义政府坚决反对以平民领袖和裕仁天皇为首的主和派。面对日本的坚决抵抗，美国总参谋长估计，进入日本本岛的人员伤亡将不少于100万人。1945年4月12日，富兰克林·德拉诺·罗斯福（Franklin Delano Roosevelt）突然去世，继任总统的哈里·S.杜鲁门（Harry S. Truman）总统对这一前景深感不安，他在寻求替代方案，想以一种伤亡更小的方式制裁日本。

16　　当时的战争部长亨利·L.史汀生（Henry L. Stimson）迫不及待地向杜鲁门总统介绍了绝密的"曼哈顿计划"以及正在研制的具有潜在毁灭性的新武器的意义。4月23日，史汀生和项目负责人莱斯利·格罗夫斯（Leslie Groves）将军向新任总统做了长篇报告，介绍了我们现在所知的原子弹。格罗夫斯汇报了原子弹项目的起源和现状，而史汀生则提交了一份备忘录，解释了原子弹对国际关系的影响。史汀生谈到了这种新武器的可怕威力，他建议说："在四个月内，我们很有可能完成人类历史上已知的最可怕的武器，一枚原子弹足以摧毁整个城市。"他接着提到了发展这种武器所预示的危险，以及建立一个现实的控制系统的困难。

杜鲁门似乎不太关注拥有原子弹的地缘政治影响，而更关注授权使用这种可怕武器的个人负担。据报道，杜鲁门在史汀生和格罗夫斯离开他的办公室后对白宫的一名工作人员说："我将不得不做出一个历史上从未有人做出过的决定。我会做出决定，但想到我将不得不做出的决定，我就感到恐惧。"最终，杜鲁门根据自己的战时经验和手头的信息做出了决择，尽管考虑得不够周全。

"曼哈顿计划"的起源

　　尽管美国的原子弹计划不是由一个单一的决定促成的，但大多数说法都是，它是从总统关注 20 世纪最著名的科学家爱因斯坦所写的一封信开始的。1939 年 10 月 11 日，华尔街经济学家——富兰克林·德拉诺·罗斯福总统的非官方顾问亚历山大·萨克斯（Alexander Sachs），与总统会面讨论了爱因斯坦 8 月 2 日所写的一封信。爱因斯坦在信中告诉罗斯福，最近的研究表明"有可能……在大量铀中发生核连锁反应，从而产生巨大的能量和大量新的类镭元素"，从而"制造出炸弹，而且可以想象——尽管不太确定——可能会制造出威力极大的新型炸弹"。这一切都有可能在不久的将来发生。

　　爱因斯坦确信，纳粹政府正在积极支持该领域的研究，并敦促美国政府也这样做。萨克斯宣读了他准备的一封求职信，并向罗斯福介绍了爱因斯坦信中的主要内容。起初，罗斯福总统并不同意，并对所需资金表示担忧。但在第二天早餐时的第二次会面中，罗斯福开始相信探索原子能的价值。他几乎没有别的办法。

爱因斯坦在匈牙利移民利奥·西拉德（Leó Szilárd）的帮助下起草了这封著名的信件。利奥·西拉德是20世纪30年代为躲避纳粹和法西斯镇压而逃往美国的众多杰出欧洲物理学家之一，是那些主张根据最新核物理和化学研究成果发展原子弹计划的人中最有发言权的一位。像西拉德这样的人，以及同为匈牙利难民的物理学家爱德华·泰勒（Edward Teller）和尤金·维格纳（Eugene Wigner），都认为他们有道德责任提醒美国注意，德国科学家有可能会在制造原子弹的竞赛中获胜，并警告美国政府希特勒会非常愿意使用这种武器。但罗斯福在接到爱因斯坦的警告后，忙于处理欧洲事务，过了两个多月才与萨克斯会面。西拉德和他的同事们最初认为罗斯福的明显不作为表明美国人并没有认真对待核战争的威胁。事实证明，他们错了。

1939年10月19日，罗斯福给爱因斯坦回信，告知这位物理学家，他已经成立了一个由萨克斯和陆海军代表组成的探索委员会，对铀进行研究。事态发展证明，一旦选定了方向，总统是一个行动力很强的人。事实上，罗斯福于1939年10月批准铀研究是因为，他认为美国不能冒险让希特勒单方面拥有"威力巨大的原子弹"。

第二次世界大战开始时，同盟国的科学家们越来越担心纳粹德国可能正在研制裂变武器。英国首先在"管状合金"项目中开始了有组织的研究。而美国则是从 1939 年开始，在莱曼·J. 布里格斯（Lyman J. Briggs）的领导下成立了铀委员会，为铀武器研究提供少量资金。不过，在英国科学家的敦促下，1941 年，"管状合金"项目被更好的官僚机构接管，1942 年，该项目成为"曼哈顿计划"的一部分。"管状合金"项目汇集了当时最顶尖的科学人才，包括许多来自纳粹德国的流亡者，以及美国工业的生产力量，其唯一目的就是赶在德国人之前生产出基于裂变的爆炸装置。伦敦和华盛顿方面同意汇集双方的资源和信息，但另一个同盟国伙伴——约瑟夫·斯大林（Joseph Stalin）领导下的苏联——并不知情。

柏林、东京与炸弹

盟军科学家对柏林有很深的恐惧。1938 年末，莉斯·迈特纳（Lise Meitner）、奥托·哈恩（Otto Hahn）和弗里茨·斯特拉斯曼（Fritz Strassman）发现了原子裂变现象。迈特纳起先在德国与物理学家哈恩和斯特拉斯曼一起工作，后来为躲避纳粹的迫害逃到瑞典。通过在德国的工作，迈特纳知道铀-235 的原子核在受到中子轰击时会分裂成两个较轻的原子核，而裂变产生的粒子总和与原始原子核的质量不相等。此外，迈特纳还推测：能量的释放——通常比两个原子之间的化学反应释放的能量大一亿倍——是造成这种差异的原因。1939年1月，她的侄子、物理学家奥托·弗里施（Otto Frisch）证实了这些结果，并与迈特纳一起计算出了反应中释放的前所未有的能量值。弗里施用生物细胞分裂中的"裂变"一词命名这一过程。此后不久，丹麦物理学家尼尔斯·玻尔乘船前往美国，宣布了这一发现。8月，玻尔和在普林斯顿大学工作的约翰·A.惠勒（John A. Wheeler）发表了他们的理论，认为铀-238中存在的微量同位素铀-235比铀-238更易裂变，应成为铀研究的重点。他们还推测，在铀-238裂变过程中产生的一种当时尚未命名、也未被观测到的超铀元素（被恰当地称为"高辛烷值"）将具有高度裂变性。恩里科·费米（Enrico Fermi）和利奥·西拉德很快意识到，第一次裂变可能会引发第二次裂变，从而引起一系列链式反应，并以几何级数不断扩大。就在这个时候，西拉德和其他原子科学家说服爱因斯坦写信给罗斯福。

各地的物理学家们很快就认识到，如果能够驯服链式反应，裂变将成为一种前景广阔的新动力来源。他们需要的是一种能够"缓和"放射性衰变中发射的中子的能量的物质，这样它们就能被其他可裂变的原子核捕获，而重水正是这种物质的主要候选者。裂变被发现后，德国诺贝尔奖获得者维尔纳·海森堡（Werner Heisenberg）于1939年9月被纳粹物理学家库尔特·迪布纳（Kurt Diebner）招募去研究链式反应堆。费米领导下的美国人选择了用石墨来减缓铀-235裂变产生的中子的能量，以便它们能在链式反应中引发进一步的裂变，而海森堡则选择了重水。海森堡在1939年12月6日为德国武器部撰写的报告中，计算出了原子弹的临界质量。根据他的计算公式以及当时假定的核参数值，爆炸反应所需的临界质量为数百吨纯净的铀-235。这已经大大超出了德国的铀生产能力。由于无法生产铀，德国人选择了钚。这意味着德国需要建造一座原子堆或核反应堆将天然铀转化为钚。与美国的"曼哈顿计划"不同，尽管海森堡和迪布纳付出了巨大努力，纳粹的核物理计划却始终未能制造出临界核反应堆。事实上，纳粹对于制造核反应堆的尝试是"无组织无纪律"的，他们也并没有尽力研发核武器。但盟军并不知道这一点。同时他们对日本制造核武器的研发进度也不甚了解。

　　1940年秋，日本军方在东京得出结论：制造原子弹确实可行。理化学研究所（或称理研所）被指派负责这一项目，由西名义雄（Yoshio Nishina）领导。1945年年底，帝国海军也设立了一个由荒冢文作（Bunsaku Arakatsu）领导的名为"F-Go"（或F号，表示裂变）的计划，希望制造出自己的"超级炸弹"。"F-Go"计划于1942年在京都启动。然而，由于缺乏足够的资源支持，到战争结束时，日本制造原子弹的计划仍进展甚微。

　　1945年4月，一架B-29轰炸机袭击了西奈的热扩散分离装置，日本的核工作因此中断。一些报道称，日本随后将原子弹生产设施转移到了现在属于朝鲜的洪南，并可能利用该设施制造了少量重水。日本的洪南工厂在战争结束时被苏联军队占领。一些报道称，苏联潜艇每隔一个月就会收集一次洪南工厂的产出，将其作为莫斯科自己核能计划的一部分（见第4章）。

有迹象表明，日本的原子弹计划比人们通常理解的规模更大，与轴心国之间也有密切合作，包括秘密交换作战物资。1945年5月，向美军投降的纳粹潜艇U-234号被发现携带了560千克的氧化铀，准备用于日本自己的原子弹计划。这些氧化铀含有约3.5千克的同位素铀-235，相当于制造一颗原子弹所需铀-235总量的五分之一。1945年8月，日本投降后，美国占领军发现了五台日本的回旋加速器，其可以用来从普通铀中分离裂变材料。美国人捣毁了回旋加速器，并将它倾倒入东京港口。

22

通往"三位一体"之路

"曼哈顿计划"是一项庞大的工业和科学事业。该计划雇用了6.5万名工人，世界上许多伟大的物理学家都参与了其中的研发工作。美国方面对该计划的战时研究部分进行了前所未有的投资。"曼哈顿计划"分布于美国和加拿大的30个不同的地点。武器的实际设计和制造集中在新墨西哥州洛斯阿拉莫斯（Los Alamos）的一个秘密实验室内。该实验室以前是圣达菲附近的一个小农场学校。1942年春，美国科学研究发展办公室和军队建议研究如何进一步开发原子弹，于是设计和制造第一批原子弹的实验室初具雏形。9月底，格罗夫斯将军接到命令成立一个委员会，研究原子弹的军事应用。此后不久，J. 罗伯特·奥本海默（J. Robert Oppenheimer）领导了一组被他称为"名人"的理论物理学家们开始开展工作，其中包括费利克斯·布洛赫（Felix Bloch）、汉斯·贝特（Hans Bethe）、爱德华·泰勒和罗伯特·塞伯（Robert Seber），而约翰·H.曼利（John H. Manley）则协助他协调芝加哥冶金实验室的裂变研究以及仪器和测量研究。尽管实验结果并不一致，但伯克利分校人员（大部分科学家都是从那里借调过来的）的共识是：实验所需的裂变材料大约是六个月前估计的两倍。这令人不安，尤其是考虑到军方认为要赢得战争，需要的不仅仅是一枚原子弹。

23

在许多方面，"曼哈顿计划"的运作与其他大型建筑公司无异。它同样需要购买和准备场地、签订合同、雇用人员和分包商、建造和维护住房与服务设施、订购材料、制定行政和会计程序，以及建立通信网络。到战争结束时，格罗夫斯将军和他的幕僚们已经花费了大约22亿美元，用于购置田纳西州、华盛顿州和新墨西哥州的生产设施，以及用于纽约市哥伦比亚大学、加州大学伯克利分校等大学实验室的研究工作。"曼哈顿计划"与其他从事类似工作的公司明显不同的地方在于：由于必须快速行动，它在未经证实和迄今未知的工艺上投资了数亿美元，而且完全是秘密进行的。速度和保密是"曼哈顿计划"的关键词。

事实证明，保密是一种不幸中的万幸。虽然项目地点偏远，寻找劳动力和物资困难，并且需要不断刺激参与项目的科研人员的兴趣，但它有一个压倒性的优势——保密使得在做出决定时可以较少考虑和平时期需要考虑的正常因素。格罗夫斯知道，只要他得到总统的支持，就能获得资金，就可以把精力完全投入项目的运作中。保密工作做得如此彻底，以至于许多工作人员直到从广播中听到广岛被炸的消息后才知道自己在做什么。

此外，计划中的决策和资源倾斜都基于对速度的追求。即使最终可能导致不同的结论，人们也不得不通过三项独立的、未被证实的研究来决定计划。计划完全没有经过试运行阶段，这违背了生产实践的规范，最终导致了生产设备的间歇性停机以及无休止的故障排除。从实验室到大规模制造的过程中注定出现的那些问题，使得当时的氛围让人十分情绪化，乐观和绝望频率交替出现，令人困惑。

尽管格罗夫斯断言原子弹有可能在1945年被生产出来，但他和该项目的负责人都充分认识到摆在他们面前的任务是十分艰巨的。对于任何一个大型组织来说，仅在两年半的时间内（从1943年到1945年8月）将实验室的研究成果转化为可设计、建造、运行的产品交付，都将是一项重大的工业成就。"曼哈顿计划"能否及时生产出炸弹，从而影响第二次世界大战的结果，这与在1943年计划开始时候的考虑完全不是一个问题。而且，尽管现在回顾发现答案似乎很明显，但我们要明白，当时没有人知道战争会在1945

年结束，或者说没有人知道当原子弹准备就绪时，剩下的对手会是谁。

　　1945年7月16日星期一凌晨5点30分整，在美国新墨西哥州阿拉莫戈多（Alamogordo）代号为"三位一体"的"曼哈顿计划"试验场，格罗夫斯和奥本海默带领的一群官员和科学家们见证了原子弹的首次爆炸。这是一场多么精彩的表演。一道耀眼的强光刺破了新墨西哥州沙漠的黑暗，发射塔蒸发，塔基周围的沥青变成了绿色的沙子。炸弹释放出近1.9万吨TNT炸药的爆炸力。新墨西哥州的天空顿时宛若皓日当空。一些观察者即使透过烟熏玻璃观看这耀眼的光芒，也会暂时失明。爆炸后的几秒钟内，巨大的爆炸声响起，灼热席卷了整个沙漠。一些站在约900米外的观察者被震倒在地。离爆炸点约800米远的一个重达200多吨的钢制集装箱被撞开。当橙黄色的火球向上延伸并扩散时，第二根更窄的火柱升起，并平铺成蘑菇云，成为原子时代的符号，自此深深地印在了人类的意识中。纽约时报的记者威廉·劳伦斯（William Laurence）称这次爆炸为"新生世界的第一声啼哭"。

　　在这一瞬间，"三位一体"产生的光比地球上以往任何时候产生的光都要强，甚至可以从另一个星球上看到。随着光线的暗淡和蘑菇云的升起，奥本海默想起了印度教圣典《薄伽梵歌》中的片段："我变成了死神/世界的毁灭者。"试验场经理肯尼思·班布里奇（Kenneth Bainbridge）对奥本海默说："奥本，现在我们都是混蛋了。"这句话引用较少，但更令人难忘。核武器可怕的破坏力以及它的用途将在许多"曼哈顿计划"参与者的余生中挥之不去。

到7月底,"曼哈顿计划"已经生产出两种不同类型的原子弹,代号分别为"胖子"和"小男孩"(图3,图4)。"胖子"是其中较为复杂的一种。它是一个直径为3米长的球形炸弹,内含金属钚-239球体,周围是高能炸药块,其用途是产生高度精确、对称的内爆。这个设计会使钚球压缩到临界密度,并引发核连锁反应。洛斯阿拉莫斯的科学家们对钚弹的设计并不完全有信心,因此有必要进行"三位一体"试验。与"胖子"相比,"小男孩"式炸弹的设计要简单得多。"小男孩"是通过将一块铀-235射入另一块铀-235中来引发核爆炸,而不是内爆。当足够多的铀-235聚集在一起时,由此产生的裂变链式反应就能产生核爆炸。但是,临界质量必须非常迅速地聚集起来;否则,反应开始时释放的热量会在大部分燃料被消耗完之前就将其炸得四分五裂。为了防止这种低效率的预爆,铀炸弹使用了一

图3 "胖子"和复制品

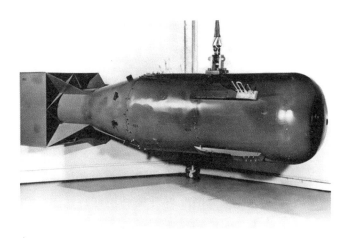

图4 "小男孩"复制品

把枪，将一块铀-235沿着枪管发射到另一块铀-235中。人们十分信任枪管的性能，以至于根本没有对其进行测试。值得一提的是，这样的测试本来也是不可能的，生产"小男孩"已经用完了当时生产的所有提纯的铀-235。显然，"曼哈顿计划"已经成功地将裂变从实验室带到了战场。

27

广岛决定

格罗夫斯将军迅速向战争部长史汀生的助手转达了试验的消息，后者又以隐秘的方式向他的上司传递了该消息：

"今天上午进行的手术，诊断尚未完成，但结果似乎令人满意，已经超出预期。"傍晚，满怀激动的史汀生，在杜鲁门柏林之行回来后参加波茨坦会议时，向他提交了一份初步报告。虽然原子弹的成功让杜鲁门如释重负，但杜鲁门当时还不确定是否需要苏联的援助来解决日本。他随口告诉斯大林，美国"拥有了一种具有非同寻常破坏力的新武器"。斯大林早已在新墨西哥州当地安插了间谍，他只是简单地回答，希望杜鲁门能好好地利用这种武器。当然，随着"三位一体"的成功，美国政府相信，没有苏联的援助他们也可以结束战争。杜鲁门从波茨坦向东京发出了最后通牒，要求东京立即无条件投降，否则将面临"迅速彻底的毁灭"。

28　　　　无论如何，美国现在的武器库中拥有了一种破坏力无与伦比的武器。史汀生甚至认为它将创造"人类与宇宙的新关系"。杜鲁门的顾问们一致认为原子弹可以结束太平洋战争，但他们无法就使用原子弹的最佳方式达成一致。讽刺的是，研制原子弹的科学家们希望用它来对付纳粹，而当原子弹显然将被用来对付日本时，他们却惊恐万分。一些人提议，在无人区演习以警示日本；一些人认为，原子弹应该用来对付日本海军，而绝不应该用于毁灭日本城市；还有一些人认为，他们的目的与其说是想要打败日本，不如说是想对苏联使用"原子外交"，于是他们建议可以在战后的东欧和中欧提供一次示范，使其更易于控制。

　　杜鲁门在考虑了各种建议后得出结论：在避免进入日本的同时又能缩短战争时间的唯一办法就是，对日本城市使用原子弹。1945年8月6日上午8时15分，一架名为"伊诺拉·盖伊"的B-29轰炸机在日本第二大军事工业中心广岛市（人口35万）上空投下了"小男孩"原子弹，8万至14万人当场殒命，重伤10万人或更多。使用的第一枚（从未试验过）以铀-235为基础的原子弹的爆炸力相当于2万吨TNT的爆炸威力。以后来的热核标准来看，这是微不足道的原子炸弹。尽管如此，在那可怕的一瞬间，广岛60%的面积（约10平方公里，相当于纽约市的八分之一）被摧毁。据估计，爆裂温度超过100万摄氏度，爆炸点燃了周围的空气，形成一个直径约260米的火球。8公里以外的目击者称，火球比太阳还要耀眼十倍。爆炸波震碎了16公里外的窗户，60公里外都能感觉到。广岛三分之二以上的建筑物被摧毁。热脉冲点燃的数百处大火汇聚在一起，形成了一场大火风暴。火焰焚烧了距离爆炸点约7公里范围内的一切。广岛就这样消失在了浓烟滚滚的火焰和烟雾中（图5）。

三天后，即8月9日，另一架名为"博克之车"的B-29轰炸机向拥有25.3万人口的长崎投下了"胖子"，当场炸死2.4万人，炸伤2.3万人。位于浦江边的长崎是两座巨大的三菱兵工厂的所在地。钚弹的爆炸威力相当于2.2万吨TNT的爆炸力，相当于4 000架B-29轰炸机的总装载量，是此前世界上最具破坏力的炸弹——英国"大满贯"炸弹爆炸威力的2 000多倍。但与广岛的爆炸情形不同的是，这一次没有出现火焰风暴。尽管如此，由于地形和"胖子"更大的威力，爆炸对附近地区的破坏性更大。不过，丘陵地形使爆炸破坏的面积局限在了比广岛受损面积更小的范围内，由此造成的人员伤亡也没有广岛那么严重。但日本医生无法解释为什么许多没有受伤的平民病人会日渐虚弱。在接下来的几周里，两个城市的死亡人数都在上升，因为人们都患上了与辐射有关的疾病。

图5　广岛上空升起的蘑菇云

日本本土以外的地区都感受到了这股冲击波。西方报纸竭力向欢欣又迷惑的公众解释：成千上万的美国、英国和加拿大科学家们是如何利用太阳的力量达到如此致命的效果的。更难解释的是，美国政府是如何在绝对保密的情况下，实施像"曼哈顿计划"这样大规模、旷日持久的军事和科学计划的。人们在为即将到来的和平前景欢欣鼓舞的同时，也认识到拥有如此强大的武器所要承担的巨大责任。这种自相矛盾的看法是美国公众对原子弹的典型反应。英国科学家 P. M. S. 布莱克特（P. M. S. Blackett）等认为，广岛长崎所发生的事与其说是二战的终章，不如说是冷战的开端。几乎就在原子弹被制造出来之时，反对核能的声音就出现了。1945 年 6 月 11 日，参与"曼哈顿计划"的多位科学家签署了《弗兰克报告》，该报告警告战争部长史汀生，未经宣布的攻击必将导致军备竞赛。但是科学家们的警告和这份报告都被政府忽视了。

新武器的影响远远超出了研制它的军事界和科学界。它开始以前所未有的程度渗入到大众的想象中。蘑菇云的图像成为新的破坏潜力的象征。杜鲁门所说的"历史上最伟大的科学赌博"取得了毁灭性的效果。毫无疑问，当代世界历史的转折点已经到来。事实上，这种原子弹很快被称为二战后世界的标志性特征。

由于日本投降在即，苏联认识到如果要在战后的亚洲发挥作用，就必须迅速加入战斗，因此于 8 月 8 日对日宣战。这比斯大林在波茨坦会议上承诺的时间早了一周。宣战九分钟后，苏联远东陆军和空军就对满洲和朝鲜半岛的日军发动了大规模进攻。夺取千岛群岛和库页岛南部也是苏联大陆战役计划的一部分。苏军压倒性的进攻给关东军造成了极大的伤亡。在不到一周的时间里，就有8万余名日本士兵死亡（苏军死亡8 219人，受伤22 264人）。结局似乎已经注定。

屈服于现实的裕仁天皇，在文官顾问的支持下，最终战胜了军国主义分子，于8月14日下令投降。美国方面同意保留天皇制度，但剥夺了天皇的神圣性，要求其服从以麦克阿瑟将军为首的美国方面的管理。9月2日，在此后被称为"V-J日"①。同一天，一支庞大的盟军舰队驶入了东京湾。在美国海军"密苏里"号战列舰上，麦克阿瑟将军代表盟军接受了日本的投降。伴随着一个简单的仪式，第二次世界大战终于结束了。

下令轰炸的杜鲁门总统坚称，他的决定缩短了战争时间，避免了巨大伤亡。历史证据有力地证明他是对的。任何一位美国总统都有可能会采取类似的行动，因为美国面临着进一步战争和惨重损失的前景。对战胜国来说，轰炸广岛和三天后轰炸长崎是可怕的战争行为，但并不是罪行。除了少数例外，被征服者对此并不认同。

① 译者注：V-J Day 全名 Victory over Japan Day，中文译名为抗日战争胜利纪念日或第二次世界大战对日战争胜利纪念日。

第三章

生与死的抉择

当我们在第二次世界大战结束后思考核裁军的起源和问题时，我们应该知道，在核时代之初，没有规则，没有不扩散准则，也没有核威慑的概念，尤其是没有反对核战争的禁忌。然而，在一场可能造成6 000万人丧生的冲突之后，紧接着出现了一场明显的军备竞赛。与此同时，原子能的进步展示了其重要的和平用途的前景，例如，核能能为世界提供无限的能源。值得注意的是，无论是军用还是民用，核反应的过程几乎是相同的。

按照传统，人们会在国际上分享科学进步。但是，由于原子弹众所周知的破坏能力及其赋予拥有者的力量，美国绝不会在一套有效的国际控制体系建立之前分享关于核武器的秘密。既要和平利用这一新力量，又要控制它的毁灭性，这始终是个难题。

早期用来解决这个问题的手段是国际协议和《不扩散核武器条约》，并将防扩散与裁军联系在一起。广岛事件后不到两个月，杜鲁门总统就对国会说："文明的希望在于国际协约，如果可能的话，希望放弃使用和发展原子弹。"这一观点得到了有影响力的原子科学家们的广泛认同。1945年6月，在日本被投下原子弹之前，以发布该报告的委员会主席名字命名的《弗兰克报告》建议：由于美国不可能永远保持垄断，消除核武器必须通过国际协议来实现。

一些政治行动的目的是考虑建立一个控制原子能的框架体系。美国、英国和加拿大是战时研制原子弹的合作伙伴，彼此达成了三国协议宣言。1945年11月15日，三国在华盛顿宣布，它们打算与所有国家分享出于和平或民用目的的与原子能有关的科学信息。由于认识到原子能和平力量与破坏力量之间的矛盾，宣言呼吁在适合的保障措施到位之前，暂不透露这些信息。随后他们呼吁联合国成立一个委员会，就国际管制制度提出建议。

36

1945年12月27日，在莫斯科举行的部长会议上，苏联在苏英美联合发表的《莫斯科宣言》中同意了这些原则。该宣言还包含了一份关于成立原子能控制委员会的联合国决议草案。草案邀请法国、中国和加拿大一起加入成为该决议的共同提案国。该决议于1946年1月24日在联合国大会第一届会议上获得一致通过。

就这样，联合国原子能委员会（the United Nations Atomic Energy Commission，UNAEC）成立了。该委员会由包括澳大利亚、巴西、中国、埃及、法国、墨西哥、荷兰、波兰、苏联、英国和美国以及加拿大在内的12个联合国安全理事会成员国组成。该决议要求委员会向由美国、英国、中国和苏联主导的安全理事会负责。莫斯科方面的这一举动表明，安全理事会将主导原子能知识的共享。安全理事会还赋予每个常任理事国在实质性而非程序性问题上的否决权。无论是在当时还是现在，否决权都将在控制原子能方面发挥重要作用。

除此之外，联合国原子能委员会的职责还包括：监督出于和平目的的基本科学信息交流；控制原子能以确保其仅用于和平用途；从国家武库中消除核武器；通过检查和其他手段保护遵守国免受违反和规避行为的危害等。

与此同时，国务卿詹姆斯·F. 伯恩斯（James F. Byrnes）成立了一个委员会，研究在谈判期间保护美国的保障方法。该小组的五名成员由助理国务卿迪安·艾奇逊（Dean Acheson）领导，他们来自与原子弹研发有关的军界和政界。艾奇逊委员会将顾问委员会视为原子能技术知识的来源。顾问委员会由田纳西流域管理局主席戴维·李林塔尔（David Lilienthal）领导，其成员还包括另外三位科学家，特别是在"曼哈顿计划"中发挥了重要作用的物理学家罗伯特·奥本海默。

在这两个小组的共同努力下，一份题为《关于原子能国际控制的报告》问世。该报告很快也被称为《艾奇逊-李林塔尔报告》。报告于1946年3月下旬发布，强调了决定国际控制系统性质的技术特征。更重要的是，与会代表认为他们的结论是讨论的基础，而不是最终计划。美国在联合国原子能委员会上提出的建议在很大程度上借鉴了《艾奇逊-李林塔尔报告》中关于国际管制系统的观点。

| "巴鲁克计划"

前文所述的就是1946年6月美国向联合国提出建议的背景。该计划以首席谈判代表伯纳德·巴鲁克（Bernard Baruch）的名字命名。这位老政治家自第一次世界大战以来就以各种身份为美国总统服务。该计划表面上看是通过新成立的联合国的控制来确保原子技术和材料的安全，实际上是防止核武器的进一步扩散。根据该计划，联合国当局将监督和控制核武器原材料的开采，并对任何生产负责。此外，根据该计划，美国将分阶段放弃其核武器和设施。

1946年6月14日，巴鲁克在向联合国提交该计划时，使用了一个美国西部蛮荒过去的戏剧性典故："我们站在这里，要在生与死之间做出选择……如果我们失败了，那么我们每个人都会成为恐惧的奴隶。不要欺骗自己了：我们必须要在世界和平和世界毁灭之间做出选择。""巴鲁克计划"的实质对公众来说很容易理解。战争工业委员会的前主席伍德罗·威尔逊（Woodrow Wilson）建议成立一个国际原子能发展机构。其唯一职责是监督原子能开发和利用的全过程。该机构成功运作的关键是，它在控制和检查原子能活动方面的有效性——因为只有到那时，美国才会准备好停止制造核武器并处理其库存。

巴鲁克列举了几项将被视为犯罪的活动：拥有或分离适用于核弹的核材料；没收当局①拥有或许可的财产；干扰当局的活动；从事违反当局规定或未经当局许可的"危险"工程。随后，巴鲁克做出了自己独特的贡献，他呼吁对从事此类活动的国家实施严厉的惩罚。虽然他承认否决权对安全理事会工作的重要性，但他说，在原子能方面，"绝不能用否决权来保护那些违反正式协定，以毁灭性为目的的研究或使用原子能的国家"。

人们对该计划的反应大相径庭。温斯顿·丘吉尔（Winston Churchill）在发表完演讲后，称赞巴鲁克说："我认为伯纳德·巴鲁克是处理这些可怕问题的最佳人选。"一些反对该计划的人认为，它泄露了太多信息；另一些持反对意见的人则认为，它对苏联不公平，并呼吁立即停止制造原子弹。约有30名参议员表示该计划站不住脚，而参议院外交关系委员会主席阿瑟·范登堡（Arthur Vandenberg）表示，该计划"对世界和平的重要性超过了纽约发生的任何事情"。9月，一项调查显示，78%的美国公众支持"巴鲁克计划"。

关于否决权同样产生了不同的意见。著名专栏作家沃尔特·李普曼（Walter Lippmann）指责巴鲁克将美国带入了否决权条款的盲区；而最高法院法官威廉·O.道格拉斯（William O. Douglas）则支持巴鲁克关于剥夺安全理事会在原子问题上拥有否决权的提议。美国共产党报纸《美国工

① 译者注：指联合国。

人日报》将取消否决权视为华盛顿和伦敦对苏联"大显身手"的机会，认为这"展示了美国雄鹰新的掠夺性飞行"。五天后，即6月19日，苏联副外长安德烈·葛罗米柯（Andrei Gromyko）发表演讲作为克里姆林宫对"巴鲁克计划"的回应。

｜"葛罗米柯计划"

40　　　葛罗米柯回避了美国的原子和平主张，转而呼吁缔结一项旨在禁止生产和使用核武器的国际公约，同时要求美国单方面核裁军，作为达成任何协议的先决条件。为此，他提出了两项提议：第一项提议呼吁公约主张禁止使用和生产原子弹，并在三个月内销毁现有武器，同时呼吁各国通过本国法律惩罚违反者；第二项提议呼吁成立两个委员会，一个负责交流科学信息，另一个负责寻找确保条款得以遵守的方法。

　　对"巴鲁克计划"的唯一直接回应是苏联反对取消否决权。"企图破坏安全理事会宪章确立的原则，包括安全理事会成员一致决定实质性问题的原则，不符合联合国的利益……必须予以拒绝。"约瑟夫·斯大林的代表只能如是说道。因为冷战的界限正在划定。

华盛顿的官方反应很低调。在一次记者招待会上，美国代表团的一位成员表示，他并不气馁，苏联的建议"只是一种争论，而不是苏联的最终立场"。为了避免在谈判的早期阶段出现公开分歧，美国代表团利用新闻界的匿名报道来表明自己的观点。因此，《纽约时报》报道：据可靠消息来源称，美国无法接受"葛罗米柯计划"，至少无法在巴鲁克还未提出保障措施的情况下接受，因为这意味着放弃美国的军事力量来源。

最初，联合国原子能委员会同意分出一个全体工作委员会，以便制订一个包括所有国际控制机构提议的计划。华盛顿和莫斯科都注意到了各自提议获得的支持程度，并重申了自己的立场。在与葛罗米柯就小组名称问题进行了一番争论之后，一个小型的组织——第一小组委员会成立，其负责起草管制计划可能具有的特点。第一小组委员会的成员包括法国、墨西哥、英国、美国和苏联。

第一小组委员会于7月1日召开会议，这一天也就是美国在比基尼（Bikini）环礁进行原子弹试验的第二天。一些人认为，这证明美国无意放弃对原子弹的垄断。除了让苏联在宣传上取得胜利外，美国继续进行的试验也可能为苏联继续进行自己的试验提供了动力。另一次试验于7月25日进行。然而，部分出于尊重谈判的原因，杜鲁门于9月推迟了原定于1947年3月进行的下一次试验。

第一小组委员会的讨论凸显了双方的一些基本分歧。葛罗米柯首先坚持销毁核武器，而不太关心控制系统。对美国人来说，他们则要求在放弃核武器之前拥有足够的控制权。两国在否决权问题上的立场对立进一步加深。尽管美国人提出此要求的目的是希望苏联做出更为具体的回应，但葛罗米柯还是坚持自己的立场。

第一小组委员会主席，澳大利亚外交部长赫伯特·埃瓦特（Herbert Evatt）意识到了僵局，他向联合国原子能委员会全体成员提议：先将政治问题搁置一旁，成立三个全体委员会来解决技术问题，以期找到共识。经多数投票表决，小组成立了第二委员会、科学和技术委员会（苏联唯一支持成立的委员会），同时还成立了一个法律委员会。最重要的工作发生在科学和技术委员会。

第二委员会成立之后的首要要务是召开会议，但未能克服第一小组委员会遇到的分歧，其成为葛罗米柯公然反对"巴鲁克计划"的论坛。总之，他在1946年7月24日说："苏联无论从整体还是部分，都不能接受美国目前形式的提案。"他还拒绝向取消否决权让步。葛罗米柯回顾了联合国的成立，强调了主权问题在审议中的重要性。他提到"巴鲁克计划"将原子能视为国际问题而非国家问题。因此，他认为巴鲁克的主张违反了联合国宪章第二条第七项的规定，而该规定禁止干涉成员国的内部事务。

科学和技术委员会于1946年7月19日开始举行会议，委员会成员运作的框架被证明是非常成功的。委员会由一个非正式的科学家小组组成，并商定小组中的成员不代表自己的国家，只以个人身份来探讨保障措施的技术问题。他们得出的任何结论都将反馈给主要委员会。除了《艾奇-李林塔尔报告》中的技术资料外，美国还在其他11份不同的文献中提供了关于有益利用原子能的背景资料和信息。作为对其任务的回应，委员会于9月3日完成了报告，并得出结论认为，"基于现有的科学事实，无法找到任何依据来推断有效控制在技术上是不可行的"。另一个始终存在的问题，就是政治问题。

随着委员会工作陷入僵局，巴鲁克决定写信给杜鲁门，寻求批准两项提议。第一项提议是，最好在1947年1月委员会成员轮换之前，迫使联合国原子能委员会早日进行表决；第二项提议是，呼吁在联合国原子能委员会可能失败的情况下，做好原子能领域的军事准备。

9月18日，商务部长亨利·华莱士（Henry Wallace）大力声讨"巴鲁克计划"，新闻界对他的观点进行了广泛报道。这为巴鲁克访问白宫递交信件创造了背景。华莱士的言论受到了自由派听众的欢迎，但却给巴鲁克当头一棒，使他大受打击。华莱士说，"巴鲁克计划"的一个主要缺陷是美国坚持要求其他国家放弃探索核能军事用途的权利，并将原材料交给一个国际机构，而美国在他认为的这样一个体系建立起来之前不会放弃自己的核武器。华莱士认为，如果情况反过来，美国是不会接受这样的建议。

在巴鲁克看来，这种不团结的表现只会削弱即将举行的联合国原子能委员会的投票影响力。在巴黎外长和平会议上，国务卿詹姆斯·F.伯恩斯（James F. Byrnes）也提出了类似的抱怨，认为华莱士的言论损害了他在会议上的地位。巴鲁克和伯恩斯都威胁说，如果华莱士依然我行我素，他们就辞职。在大势已去的情况下，杜鲁门于9月20日要求华莱士辞职，并收到了华莱士的辞呈。

随着"华莱士-巴鲁克"事件不断见诸报端，苏联最终要求对科学和技术委员会的报告进行投票表决。委员会对苏联投票赞成报告感到欣慰，但这种欣慰是短暂的。苏联代表说，他对投票持有保留意见，理由是报告结论所依据的信息不完整，因此，应被视为是有假设和条件的。10月2日，第二委员会正式接受了科学和技术委员会的报告，并开始听取该领域各位专家的意见。

尽管第二委员会的工作进展顺利，但直到1946年10月，苏联的各种行动都相当清楚地表明，双方的立场是截然不同的。与此同时，巴鲁克敦促杜鲁门对他9月份呼吁提前投票的信件做出答复。当巴鲁克于11月获准允许在年底前强行表决时，"巴鲁克计划"几乎已被全部否决，他的声誉也在联合国受到了苏联的抨击。

冷战伊始

11月13日，在联合国原子能委员会四个月来的第一次全体会议上，投票表决结果为10票赞成、2票弃权（苏联和波兰）。这也意味着联合国原子能委员会应在1946年12月31日之前向安全理事会报告其调查结果和建议。尽管苏联采取了拖延战术，但巴鲁克离他提前表决的目标越来越近了。12月5日，巴鲁克的立场得到了白宫的重申，他向安全理事会提出以自己的名字命名计划的建议，但没有坚持在当天表决。12月20日，苏联提议将表决推迟一周的建议遭到了联合国原子能委员会的否决，而波兰代表团则提议将"巴鲁克计划"提交联合国大会政治和社会委员会审议。此时，葛罗米柯干脆拒绝再参加会议，他的这个立场一直保持到年底。

几天后，即12月26日，第二委员会通过了关于保障措施的报告，并将其提交给工作委员会。工作委员会于第二天逐段讨论了"巴鲁克计划"，只在一个方面存在分歧——否决权。工作委员会同意向联合国原子能委员会全体成员报告，并附信解释余下的争议，以及提交了一份苏联没有参与的说明。在12月30日举行的联合国原子能委员会最后一次会议上，会议同意巴鲁克的提议，即通过了工作委员会的报告，并在第二天将其提交给安全理事会。会议以多数票通过，但没有得到苏联的同意。这于未来被康涅狄格州民主党参议员约瑟夫·I. 利伯曼（Joseph I. Lieberman）称为美国"空洞的胜利"。

按照计划，巴鲁克在表决后不久辞职，把他的位置让给了美国驻联合国代表沃伦·奥斯汀（Warren Austin）。安全理事会对工作委员会提交的报告进行了讨论，但没有取得什么成果。直到1947年3月，安全理事会通过了一项决议：将报告返回联合国原子能委员会再次进行讨论。联合国原子能委员会于9月提交了第二份报告。第二份报告提交安全理事会审议的内容还包括苏联对联合国原子能委员会第一份报告的12项修正案，而报告对所有修正案均进行了否决。安全理事会没有审议原子能委员会的第二份报告。该委员会的会议一直持续到1948年春季。非洲经济共同体（非共体）的第三份报告认为，该委员会已陷入僵局，要求安全理事会暂停审议。1948年夏，苏联否决了安全理事会一项批准联合国原子能委员会全部报告的决议；而联合国大会的一项非约束性决议则赞成其大部分方案，希望联合国原子能委员会有朝一日能找到控制核武器的方法。1949年11月，联合国大会同意暂停联合国原子能委员会的工作，希望显然已经破灭。

46

　　1946年6月，伯纳德·巴鲁克在联合国原子能委员会就职典礼上提出了美国关于核武器的初步提案。这开启了此后六十年间关于军备控制措施的数百次（如果不是数千次的话）多边和双边讨论的先河。"巴鲁克计划"将建立一个国际原子能发展机构，控制或拥有从原材料到军事应用的所有原子能相关活动，并检查所有其他用途。苏联和其他国家的代表对美国的提议提出了质疑，因为美国人并没有放弃自己的核武库，却期望其他国家放弃发展自己的核武器。他们离目标不远了。巴鲁克在1946年12月断言："美国只要坚持，就能得到想要的东西。毕竟，我们已经得到了，而他们还没有，而且在未来很长一段时间内也不会得到。"然而，巴鲁克在这两点上都错了：苏联拒绝了他的计划，并很快制造出了原子弹（见第4章）。

　　历史学家巴顿·伯恩斯坦（Barton Bernstein）总结道：

"1945年或1946年，美国和苏联都没有准备好为达成协议而承担对方所要求的风险。"从这个意义上说，原子能问题上的僵局是苏美关系互不信任的象征。从"巴鲁克计划"开始，华盛顿一直坚持采用侵入式核查系统来核查条约的履行情况，莫斯科则将此视为经批准的间谍活动。这在阻碍未来军备控制努力方面发挥了作用。引用前总统乔治·H. W. 布什（George H. W. Bush）多年后在一个不同但相关的背景下所说的话：在"人类灵魂的斗争"中，情况本可以不同，这一点不足为奇。

氢弹竞赛

1949年9月23日下午，英国首相克莱门特·阿特利（Clement Attlee）站在唐宁街10号的台阶上，宣读了一份简短的声明："英国政府有证据表明，近几周苏联境内发生了一次原子弹爆炸。"除了呼吁国际社会加大力度控制核武器之外，声明没有提供进一步的解释，既没有说明爆炸发生的时间和地点，也没有说明爆炸是如何被探测到的。尽管后来发现，声明是在实际爆炸发生近一个月后才发布的——钚型试验是在8月29日进行的——而且爆炸是事后被采集空气样本的间谍飞机探测到的。不过，这些在当时都没有透露。记者们疯狂地试图充实报道内容，却发现其他政府官员对此同样讳莫如深。公众对这一消息的反应非常平淡。当英国广播公司（BBC）在播报晚间新闻中谈及这个事件时，实事求是且又平淡地带过了它。在大西洋彼岸，杜鲁门总统也差不多同时发表了类似的声明。声明中也没有提供太多细节，但却试图先发制人在国内引起舆论哗然，并再次保证"我们一直在考虑苏联有朝一日会研制出原子弹这一不可避免的事实"。其中的深意并不确定，但传达的信息却是明确的。美国对原子弹垄断的结束比大多数严肃的观察家们预想的要早。对英国人来说，这提醒了他们：在新武器面前，他们人口稠密的小岛非常脆弱。受到时间和空间保护的美国人民还未直接体会到迫在眉睫的危机感。

公众对苏联研制出原子弹的反应非常冷静。几乎所有人都没有预料到苏联会研制出原子弹，但就其能力本身并不令人震惊。西方国家对苏联何时跨入原子弹门槛的预测大相径庭，这反映出各国对苏联原子弹计划缺乏了解。美国中央情报局于 1946 年 10 月 31 日，就此问题做出的第一份预测报告称：苏联将在 1950 年至 1953 年的某个时间生产出原子弹。后来的预测则更强调这一时间段的后端。就在苏联爆炸其第一颗原子弹的五天前，中央情报局预测苏联能够研制出原子弹的"最早可能日期"是 1950 年年中，但"最可能日期"是 1953 年年中。一些政策制定者提出了自己的猜测。后来成为中央情报局局长的美国驻莫斯科大使沃尔特·贝德尔·史密斯（Walter Bedell Smith），在 1948 年 9 月柏林封锁最严密的时候告诉美国国防部长詹姆斯·福雷斯托（James Forrestal），苏联至少要五年才能研制出原子弹。"他们很可能拥有'笔记本'上的技术，"他告诉福雷斯托，"但没有将抽象知识转化为具体武器的工业综合体。"英国原子能计划负责人亨利·蒂泽（Henry Tizard）爵士将时间定在 1957 年或 1958 年。一些人认为会更晚。一些人则认为，苏联永远不可能克服这一过程中的技术困难。即使是美国空军内部的一些小组成员所设想的最坏情况，也预计会在 1952 年或 1953 年。

世界媒体对这一消息进行了广泛报道，但民众的反应总体上相对平静。一些人甚至利用缺乏详细信息的情况质疑苏联是否真的发生了爆炸。原子弹爆炸的公告拒绝提供任何关于如何检测到爆炸的信息，这反过来又助长了国会中激进的孤立主义者的说法。如参议员欧文·布鲁斯特（Owen Brewster）声称，他认为苏联实际上并没有原子弹。苏联没有进行后续试验的表现，似乎让怀疑者们更加确信无疑。直到两年后，苏联才试验了第二颗原子弹。1951 年 9 月 24 日，空军原子能探测系统在苏联境内发现了异常强烈的声波信号，后来证实这是另一次原子弹爆炸。

根据新闻报道后对苏联原子弹能力的重新评估，到 1950 年年底，苏联的原子弹生产数量将从每月约两枚增加到每月约五枚或更多。据美国情报部门估计，这将使苏联的原子弹储备从 1950 年中期的 10～20 枚增加到 1954 年中期的约 200 枚。这一数字构成了美国军事规划中的一个临界点。美国国防决策人员认为，一旦苏联有能力向美国境内的目标投掷约 200 枚原子弹，他们就能摧毁美国许多最关键的目标，从而对美国的作战能力造成毁灭性打击。

美国的原子能垄断

美国早期制定的将军事决策与外交政策目标联系起来的连贯战略政策，进展之慢令人惊讶。四年多的时间里，美国一直拥有核武器垄断权。在此期间，华盛顿与其最亲密的跨大西洋盟国，尤其是英国，未能制定出一套连贯的方针，将核武器的强大威力用于西方的外交政策。即使人们越来越一致地认为西方正在与苏联进行着一场新型战争。他们所能做的只是发出临时性的相对空洞的威胁。美国国防部长詹姆斯·福雷斯托抱怨这种做法是"修修补补的工作"。1948年11月下旬，杜鲁门政府正式采纳了"遏制苏联共产主义"的概念，但大多数决策者只是简单地假定，或许更合适地说是希望：美国的核武器垄断会以某种方式恐吓苏联，使其不敢破坏和平，以免引发全面战争。

但如果说这是杜鲁门的初衷，它似乎并没有奏效。原子弹本应是"制胜武器"，但到1948年，西方并没有赢得冷战。这一点已经非常清楚。苏联似乎在所有重要战线上都占据了主动。法国战略家雷蒙·阿隆（Raymond Aron）1954年写道："当人们回顾广岛原子弹爆炸以来的整个时期时，很难不产生这样的印象，即美国在其原子弹垄断中得不偿失。原子弹在冷战中毫无用处。"政治危机似乎接踵而至，从南斯拉夫开始到伊朗、希腊、意大利、法国和德国。在整个关于是否使用原子弹的争论中，最关键的是原子弹能否被使用。

现在，人们的注意力转向了建设真正的原子能力。二战结束后，由于政治上的压力，为了让士兵们重返家园，实现从战争到和平的经济平稳过渡，美国进行了大规模的复员。与准备另一场战争相比，国内还有更优先要做的事项。在"枪支还是黄油"的长期争论中，枪支败下阵来。对于詹姆斯·福雷斯托等最担心苏联威胁的人来说，复员太"过分"了。美国军事决策者们普遍感到焦虑，战后复员使美军几乎无法维持现有的承诺，如果苏联在另一个战场强行采取军事行动，西方国家根本没有足够的力量阻止他们。限制是政治上的，而不是经济或后勤上的。与其他大国相比，美国在第二次世界大战后建立了坚实的经济基础，领土毫发无损，社会结构完好无缺。批评杜鲁门政府国防开支限制过低的人认为，要扭转美国国防力量被削弱的局面，需要的只是这样做的政治意愿。

战后复员的一个"副产品"是美国的原子弹计划几乎停歇下来。杜鲁门在宣布轰炸广岛时暗示原子弹正在持续量产："目前形式的原子弹正在生产中，威力更大的形式正在研发中。"虽然从技术上讲，这是可行的，但其实杜鲁门是在有意误导。事实上，在当时和冷战初期，美国只有少量原子弹，这是华盛顿政治决策的结果，而不是后勤限制的结果。到 1945 年年底，美国只制造了 6 枚原子弹；到

1947年，制造了32枚；到1948年，制造了110枚。到1949年年底，苏联引爆第一颗原子弹时，美国已拥有235件核武器。1950年后，杜鲁门在朝鲜战争爆发的背景下授权进行大规模军事集结，美国的原子弹储备以更快的速度增长。

如果不制定可行的核理论和宣言政策，那么制造再多的核弹也将一无所用。考验这些要素的第一次危机是1948年的柏林危机。这是冷战中第一次真正意义上的核危机。鉴于其开创的先例，一位观察家称，"毫无疑问，这显然是冷战时期最严重的危机"。当斯大林于1948年中期封锁柏林时，这似乎为福雷斯托等人的警告提供了所缺乏的切实证据，即苏联不仅与美国存在利益冲突，而且还愿意为这些冲突采取行动。作为回应，杜鲁门做出了维持柏林存在的重大承诺，尽管他对如何实现这一目标几乎一无所知。西方对这一挑战做出的最著名的回应就是柏林空运。这是一项通过空运为柏林西区200万居民提供物资的史无前例的行动。但杜鲁门一直认为空运只不过是一种拖延战术。

参谋长联席会议已经非常清楚地表明，在欧洲与苏联红军进行常规战争是不可能取胜的。尽管美国的一些绝密战争计划试图将原子弹纳入其中，但如何让新武器在战争中发挥最大作用仍不明确。军事决策人员希望原子弹能在与苏联的战争中发挥独特优势，同时也认识到，苏联的地理特征使得高价值核打击目标相对较少。以莫斯科和列宁格勒等城市为打击目标在后勤上是可行的，但却弊多利少。面对一个在二战中丧生约2 700万人口的国家，原子弹的震撼力很可能会减弱，而且此举不太可能有助于美国取得胜利。二战已经展示了通过空中战略力量攻击敌人作战潜力的价值，但苏联与日本或德国截然不同。苏联的运输系统被决策者认定为"苏联战争机器中最重要的齿轮"。它横亘在苏联的广袤领土上，密集的枢纽相对较少。它实在是太分散了，以至于不能成为当时仅拥有少量原子弹的美国的可行打击目标。苏联的军事工业也很分散，只有石油供应似乎容易遭到战略轰炸。直到1956年，国家安全委员会才认为美国有能力对苏联实施"决定性打击"。

战后的复员运动严重影响了总统想要利用原子垄断优势的选择，而核武器相关信息的极端保密性又进一步阻碍了总统的选择。甚至连总统也无法得到关于美国库存有多少武器，以及这些武器能起什么作用的确切答案。由于缺少应对柏林封锁的好办法，美国军方在军事上明显表现出了无力感。在这种情况下，参谋长联席会议开始从核战略着手审查美国的防御态势。福雷斯托和参谋长联席会议利用柏林封锁事件阻挠杜鲁门紧缩国防预算的意图。他们抓住这个机会强调：仅仅是自我感到强大是不够的，必须有切实的军事能力作为后盾。在柏林封锁最激烈的时候，杜鲁门不愿意就"我们是否会在战争中使用原子弹"表态，福雷斯托对此感到沮丧，于是他主动授权参谋长联席会议在制定战争计划时假定会使用核武器。

此外，当华盛顿被迫向英国和德国派遣能够携带核弹头的B-29轰炸机以临时拼凑一种核威慑的态势时，柏林封锁早已展现出了美国核战略的虚张声势。

很少有人认真思考过如何发动核战争。温斯顿·丘吉

57

尔建议向苏联发出最后通牒，他威胁说如果他们不从柏林撤退，放弃东德并退到波兰边境，美国的原子弹轰炸机将夷平苏联的城市。美国驻德国指挥官卢修斯·D.克莱（Lucius D. Clay）将军也采取了类似的做法，他告诉福雷斯托，他会"毫不犹豫地使用原子弹，并首先轰炸莫斯科和列宁格勒"。英国外交大臣欧内斯特·贝文（Ernest Bevin）也热衷于借此机会向莫斯科表明"我们是认真的"。

尽管向莫斯科发难很有诱惑力，但华盛顿还是倾向于小心行事。正如英国政府的官方政策所言，西方国家能否给这种核威胁加入"蝎子的毒刺"，似乎值得怀疑，而美国的决策者们也默默地承认了这一点。尽管美国垄断了核武器，但斯大林还是封锁了柏林。这清楚地证明了核威慑必须是人为的、清晰的，仅拥有核武器是不够的。此外，许多人担心美国关于柏林做出的承诺已经超出了其军事能力。

苏联原子弹

斯大林公开宣称对原子弹的威慑作用漠不关心。他在于1946年9月发表在《真理报》上的讲话中声称："原子弹的作用是吓唬神经脆弱的人，但它不能决定战争的命运。"相反，他始终坚信，所谓的永久性作战因素将确保苏联在未来的任何战争中取得胜利，就像在上一场战争中一样。

斯大林有意为之的冷漠是一种战略策略。这在政治上和外交上是有用的，但却不是真实的。在这一公开表象的背后，斯大林的私下评论和指示表明他对原子弹对国际关系的潜在影响有着更为细致入微的理解。1942年5月，苏联的科学家们已经提醒过他，英国和美国可能正在联合寻求原子弹。事实上，斯大林甚至比杜鲁门更早知道"曼哈顿计划"。但他对这种新武器的重要性的认识却很迟钝。起初，他对这种武器的重要性持怀疑态度，当他的情报局告诉他，一些报告显示英国和美国正在合作研制原子弹时，他甚至怀疑这是西方蓄意误导计划的一部分。矛盾的是，斯大林曾经清楚地理解了原子弹的重要性，因为英美政府努力向德国人隐瞒信息，而不是任何积极地证实——期刊上抹去了任何可疑的科学信息。苏联间谍帕维尔·苏多拉托夫（Pavel Sudoplatov）声称，1942年10月，当一位苏联高级科学家建议斯大林直接向丘吉尔和罗斯福询问原子弹计划时，斯大林回答说："如果你认为他们会分享有关未来主宰世界的武器信息，那你在政治上就太天真了。"

由于担心德国人可能会抢先研制出原子弹，苏联于1943年启动了原子弹计划。但是因为面临许多其他紧迫的问题，用于该计划的资源时有时无，毕竟，这存在着巨大而昂贵的风险。只有美国拥有奢侈的领土安全保证、丰富的自然资源和20亿美元的投入，而且只是广岛事件之后，核武器才成为重中之重。

在此之前，斯大林似乎严重低估了这种新武器造成的

59

破坏规模，但是日本原子弹爆炸的戏剧性证据无疑改变了这一看法。如果说斯大林已经意识到原子弹改变国际政治的潜力，那么，这一切从他对苏联安全负责人拉夫连季·贝利亚（Lavrenti Beria）和苏联主要原子科学家伊戈尔·库尔恰托夫（Igor Kurchatov）下达的命令中就可以清楚地看出。他要求他们不遗余力地加强苏联的"俄罗斯规模"原子弹计划。斯大林承诺，原子科学家们将获得前所未有的工作自由和国家所能提供的一切物质支持。广岛震动了整个世界。他对科学家们说："平衡被打破了，制造核弹能够使我们摆脱目前面临的巨大危险。"这一决定对苏联现代军工综合体的发展产生了深远影响。实际上也为他的继任者实施大规模核计划奠定了基础，从而在二十年内建立与西方的实际战略平等。

苏联间谍发挥了重要作用。尽管"曼哈顿计划"将大部分早期安全资源用于防范德国间谍活动。但克劳斯·福克斯（Klaus Fuchs）、戴维·格林格拉斯（David Greenglass）、朱利叶斯·罗森伯格（Julius Rosenberg）和埃塞尔·罗森伯格（Ethel Rosenberg）（后两人因叛国罪于1953年被处决）等同行和特工从"曼哈顿计划"中源源不断地获得了包括具体蓝图在内的详细信息，这使苏联受益匪浅（图6）。

20世纪90年代初，开放的苏联档案以及解密的所谓"维诺纳"（VENONA）记录——20世纪40年代莫斯科与苏联驻美国情报站之间发送的约3 000条信息的译文——描绘了苏联间谍活动的黄金时期。当时，冷战刚刚开始，很少有西方国家怀疑这些情报直接加速了苏联的原子弹计划。

图 6 朱利叶斯、埃塞尔经过安排离开纽约市联邦法院。这对夫妇后米被判有间谍活动罪并被处决。

　　在斯大林时期，苏联的军事理论基本上忽视了核武器作为进攻性武器的作用，但是对可能携带原子弹的美国远程轰炸机一直进行着积极防御。1948年前后，防空被置于更优先的地位。与此同时，苏联科学家们和国防部开始研究洲际弹道导弹和反弹道导弹技术。

　　斯大林对原子弹的看法逐渐发生了变化，再加上苏联政权实行的严格保密制度，要确定这位苏联领导人是否被美国的原子弹吓住了是很困难的。研究苏联外交政策的著名学者弗拉迪斯拉夫·祖博克（Vladislav Zubok）认为，斯大林在核问题上的想法与核俱乐部中大多数领导人的想法一样，是随着时间的推移而变化的。

祖博克推测：

> 如果有人在1945年广岛事件后和1952年年底斯大林生命的最后时刻问他，是否认为原子弹会影响未来战争的可能性，他可能会给出两种不同的答案。1945年，他可能会说，美国对原子弹的垄断刺激了美国对世界霸权的追求，使战争更有可能发生。1950年初，在苏联进行第一次原子弹试验之后（译者注：原文错误），他可能会说，力量的天平再一次偏向了社会主义和和平的阵营。

温斯顿·丘吉尔坚持认为，是美国的原子弹阻止了共产主义的发展。1948年，他在威尔士对听众说，除了美国的原子弹没有什么能阻挡共产主义。这是他经常重复的一句话。

"机遇之年"？

现在回想起来，令人惊讶的是，世界上唯一的核武器大国——美国没有采取更积极的行动来阻止其他国家发展原子弹。但这并不是说预防性战争的想法没有被讨论过。长期以来，机密界一直在讨论这个问题。一些人认为，美国浪费了自己的优势，浪费了其最大的军事资产，这一决定可能会带来灾难性的后果。詹姆斯·福雷斯托在1947年年底写道：无论垄断的时间有多长，剩下的几年都将是西方的"机遇之年"。早在1946年1月，"曼哈顿计划"的军事指挥官莱斯利·格罗夫斯将军就曾表示："如果我们是无情的现实主义者，我们就不会允许任何与我们没有坚定联盟的外国势力制造或拥有核武器。如果这样一个国家开始制造核武器，我们将在它发展到足以威胁我们之前摧毁其制造能力"。尽管如此，美国政府从未接近实施预防性战争战略。

决策层对苏联一旦拥有原子弹将可能采取的行动深感
不安，并由此开出了一系列"药方"。关于预防性战争的言论曾引起争议，并在20世纪40年代末至50年代初达到顶峰。而这种争议在氢弹头和远程弹道导弹的热核革命中，迅速消失。

尽管美国公众对预防性战争的想法仍持冷淡态度——20世纪50年代初的各种民意调查显示，公众对预防性战争的支持率在10%到15%之间——但在斯大林建立自己的大型核武库之前，美国对苏联发动战争的想法得到了华盛顿官方非常广泛的支持，尽管这是不为公众所知的。莫斯科也知道这一点，其中有些是可以预见的。

空军和兰德公司是预防性战争思想的发源地。在其他圈子对这一思想不屑一顾之后很久，它们仍然是这一思想的庇护所。但在20世纪40年代末至50年代初，当明显处于机会的风口时，对预防性战争的支持又多了一些声音，其中一些是出人意料的。据报道，早在1945年10月，著名原子科学家莱奥·斯齐拉尔德（Leó Szilárd）就主张发动预防性战争。乔治·肯南（George Kennan）和美国国务院克里姆林宫学家查尔斯·博伦（Charles Bohlen）都是冷战军事政策的相对温和派，他们也认为发动预防性战争的逻辑很有说服力。

这种争论之所以从未占据上风，原因是多方面的。在经历了珍珠港突袭之后，美国的决策者们和公众对美国的外交政策有了更高的要求。尽管美国长期以来一直保留采取预防性军事行动的权利，但要真正这样做，并非一件容易的事。

更重要的是，人们怀疑对苏联的预防性战争能否取得成功。战后复员运动严重限制了美国的军事能力，而西欧盟国也无法为这场战争做出任何有意义的军事贡献。作为自己的"威慑力量"，斯大林保留了大量军事力量，这些军事力量可以直抵英吉利海峡。这又提出了两个问题：预防性战争要想取得成效，除了使用原子弹进行空袭外，还需要其他手段吗？难道美国不需要派遣地面部队占领苏联的心脏地带吗？事实很清楚，美国既没有能力，也不愿意为阻止苏联拥有核弹而发动预防性战争。

64

| 热核决择

显然，莫斯科并没有被美国的原子垄断所吓倒。既然垄断已经被打破，许多观察家确信苏联将变得更加危险。包括情报界在内的有识之士认识到，苏联仍需要时间来发展可用的武器储备——截至1950年，苏联拥有约5枚核武器，而美国拥有369枚。美国面临两条可能的道路。一条可能的道路是抓住机会推动双边裁军。苏联早期在国际原子能控制过程中犹豫不决，理由是他们放弃了发展自己原子能力的权利，而美国却保留了自己的核武库。现在两个大国都拥有了原子弹，这实际上是一种相互牺牲。另一条可能的道路是进行全面竞争和军备竞赛。出于各种原因，主要是受冷战思维的影响，美国政府选择了后一条道路。这是一道分水岭。

然而，美国政府内部的"鹰派"继续推行他们的议程。詹姆斯·福雷斯托长期以来一直抱怨杜鲁门总统严格的预算上限是"最低限度的战略，而不是充分的战略"。他的继任者路易斯·约翰逊（Louis Johnson）也倾向于财政克制，并不过分倾向于挑战其总司令的预算指令。鉴于冷战中的一连串挫折——尤其是1949年苏联的原子弹试验和中华人民共和国的建立——及政治压力最终迫使杜鲁门重新考虑国防开支和相应的战略。在这一过程结束时，1952年度的国防财政开支比1951年度的预算增加了458%，国防部的人员总数也从1951年的220万人增加到近500万人。

1949—1950年冬季，国防和科学界就是否继续使用新一代武器展开了一场高度机密的辩论。这种新一代武器利用的是氢原子结合时释放的能量，而不是原子弹所利用的氢原子分裂时释放的能量。这种新型武器被称为氢弹或热核弹或核弹，非正式地被称为"超级"，意指其爆炸威力使原子弹也相形见绌。物理学家爱德华·泰勒领导了一个曾参与"曼哈顿计划"的科学家小组对这种武器进行初步研究。但由于没有希望立即取得成功，加上战后经济环境下军事预算缩减，研究被迫停止。根据理论数据，泰勒预测氢弹的威力将是广岛原子弹的几百倍，能够摧毁数百平方公里的区域，辐射范围更远。

争论的焦点集中在是否需要这种武器、制造这种武器的道德性以及发展这种武器对与莫斯科关系的影响。这场争论引发了激烈的情绪，最终不仅决策者之间产生了分歧，原子科学家们之间意见也并不统一。1950年1月，杜鲁门接见了由时任国务卿迪安·艾奇逊率领的代表团。该代表团主张研制氢弹。尽管没有确凿证据表明氢弹的研制会成为现实，并且一些科学家们也声称氢弹不可能实现，但在会谈仅持续了七分钟之后，总统还是决定继续推进这项研究。包括詹姆斯·科南特（James Conant）和"曼哈顿计划"期间领导洛斯阿拉莫斯小组的物理学家罗伯特·奥本海默在内的更多人都认为没有必要。就连爱因斯坦也公开反对研制氢弹：

> 在目前的军事技术水平下，通过国家军备来实现安全的想法是一种灾难性的幻想……美国和苏联之间的军备竞赛原本是一种预防性措施，但现在却变得歇斯底里。

原子能委员会自己的顾问委员会强调，氢弹本身就是种族灭绝，而非其他：

> 使用这种武器将毁灭无数人的生命。它不是一种只能用于摧毁军事或半军事目的的武器，氢弹的使用比原子弹本身更进一步地推行了灭绝平民的政策。

杜鲁门宣布其指令的声明，丝毫没有透露这场幕后绝密辩论的戏剧性。杜鲁门在一份简短的声明中宣布：

> 作为武装部队总司令，我的责任之一就是确保我们的国家能够抵御任何可能的侵略者。因此，我已指示原子能委员会继续研究各种形式的核武器，包括所谓的氢弹或超级炸弹。与核武器领域的所有其他工作一样，这项工作正在并将在符合我们和平与安全计划总体目标的基础上继续进行。

这项重大决定为热核革命和随之而来的军备竞赛铺平了道路。

　　紧迫感迫使美国迅速采取了行动。杜鲁门发表声明几周后，路易斯·约翰逊在参谋长联席会议的推动下，要求"立即全面发展氢弹及其生产和运载工具"。到1950年3月初，热核武器计划已被提升为"当务之急"。

　　就在杜鲁门授权研发氢弹的同一天，他指示艾奇逊和路易斯·约翰逊根据苏联新生的原子能力和冷战的最新发展重新评估苏联的威胁。在肯南的继任者、国务院政策规划局局长保罗·H. 尼采（Paul H. Nitze）的指导下，一批国防官员制定了一份国家安全战略计划，并于1950年4月初将其提交给总统。这份文件的官方名称是国家安全委员会第68号文件（NSC 68）《美国国家安全目标和计划》。文件故意危言耸听，提出了大规模增加资源和强化战略的理由。该文件以其紧迫的语气和直接、"鹰派"的政策特点，反映了政策方向的转变，但其实质是表达了华盛顿许多决策者们酝酿已久的情绪。

　　国家安全委员会第68号文件首要关注的是"大规模毁灭性武器"问题（首次在政策文件中引入该术语）。该文件估计，"在未来四年内，苏联将获得严重破坏美国重要中心的能力，如果它首先发动打击，那么在这种打击下，就像现在所知的那样，我们根本无法进行有效的反击"。它警告说，"如果一旦苏联拥有足够的原子能力对我们发动突然袭击，消除我们的原子优势，并创造一个对其有利的军事局面，克里姆林宫可能会受到诱惑，迅速而隐蔽地发动攻击"。在这种情况下，尼采和他的同事们估计国际原子能机构控制事态的可能性微乎其微。因此他们建议，美国别无选择，只能尽快提高自身的原子能力；如果可能的话，应迅速增加原子弹储备，并继续大大加快氢弹计划进度。

国家安全委员会第68号文件还警告了"零敲碎打式侵略"的危险，即苏联可以在不诉诸直接军事对抗的情况下威胁美国的利益，他方可能会以其他更隐蔽的方式对美国构成军事威胁。这可能会使美国的国防政策陷入混乱，使美国的核威慑变得无效。1950年6月25日，当朝鲜军队向韩国进军时，正值美国政府内部就国家安全委员会第68号文件进行辩论的高峰期。许多方面都构成了一个新的挑战，而这并不是西方现有战略所预期的情景。用法国著名的战略家雷蒙·阿隆的话说，"朝鲜战争让世界各国领导人明白，天地间的事情并不能由模型概括"。苏联拥有的强大的常规军事力量，再加上初具规模的原子能力，其中包括"可能的裂变能力和可能的热核能力"，这些都构成了严峻的挑战，因此，引发了美国对其国家安全假设的全面重新评估。朝鲜战争似乎为支持国家安全委员会第68号文件的论点增添了筹码。

超越逻辑范畴

这一决定对核武器发展和核政策制定产生了深远影响。

原子武库得到了新的重视。美国科技界开始生产体格更小、造价更便宜的原子弹头，使美军能够在战场上部署数千枚战术核武器。各军种都想分一杯羹，这又推动了核研发工作。20世纪50年代，陆军将注意力转向中程陆基弹道导弹，海军则先是研制以航空母舰为基地的原子弹轰炸机，然后是核动力武装潜艇。但美国战略力量的主力仍然是战略空军司令部的轰炸机。更重要的是，加速推动了氢弹项目的进行。1952年10月31日，美国在太平洋引爆了首个热核装置（氢弹）。

这次爆炸是杜鲁门政府为其在核竞争中保持对苏联的优势，而做出的非凡努力，也是核威慑力量的分水岭。随着热核革命的开端成为现实，决策者们努力理解这种新技术的破坏规模。爱德华·泰勒曾在1947年预言，新武器将能够摧毁770～1 030平方公里的区域，而且辐射范围可能更广。就军事战略而言，这种破坏规模显然改变了武器的整体性质。但人们很快就意识到，这种武器很可能会改变战争与和平本身的性质。正如丘吉尔所说："尽管原子弹拥有恐怖特质，却也没有使情况超出人类思想或行动可控的范围，在和平或战争中都是如此。但是……氢弹则彻底改变了整个人类事务的基础。"

尽管对这一点的认识加剧了战略武器与胜利之间的关联，促使战略思想的焦点更加集中，并至少持续了十五年，但美国决策者不得不在更直接的层面上应对其后果。经验丰富的战争领袖德怀特·艾森豪威尔（Dwight Eisenhower）宣称，由于存在可使用的热核武器，"战争不再有任何逻辑可言"。不到一年的时间，即1953年8月12日，苏联就成功引爆了它的第一个热核装置。这是一次有限的爆炸，其规模是美国爆炸规模的1/25。1955年11月，苏联成功空投了一枚氢弹，爆炸威力相当于160万吨TNT的爆炸威力。

1952年10月3日，英国在澳大利亚海岸附近的蒙特贝洛群岛（Monte Bello Islonds）进行了一次成功的试验，从而加入了核俱乐部。1957年5月15日，英国在太平洋的圣诞岛（Christmas Islonds）进行了一次20万～30万吨级的氢弹爆炸，从而加入了热核俱乐部。在戴高乐的不懈领导下，法国于1960年在阿尔及利亚撒哈拉沙漠进行了一次试验，随后于1968年在南太平洋法纳加托法（Fanagataufa Atoll）环礁进行了一次热核爆炸，从而获得了自己的核打击力量。中国于1964年加入了核俱乐部，并于1967年在罗布泊试验场上空投掷了一枚氢弹，加入了热核俱乐部。

20世纪60年代末，以色列在法国"原子弹之父"弗朗西斯·佩兰（Francis Perrin）的最初指导下，建立了迪莫纳核研究设施，成为第六个拥有研制核武器能力的国家，尽管以色列政府对此矢口否认。印度（1974年）和巴基斯坦（1998年）分别成为第七个和第八个取得核地位的国家，这引发了人们对它们在南亚激烈竞争的关注。朝鲜于2006年10月加入了核俱乐部（见第7章）。

20世纪70年代，南非原子能委员会制定了一项核武器计划。他们主要利用公开的来源进行铀浓缩。1977年8月，一颗苏联卫星在卡拉哈里沙漠发现了南非的核试验场。然而，迫于美国、苏联和法国的压力，南非暂时推迟了它的核计划，直到1982年才研制出了第一个完整的核装置。后来，南非出于自己的原因，于1989年停止了核武器计划，并拆除了武器设施。两年后，南非加入了《不扩散核武器条约》（见第7章）。

虽然反对核能的声音在原子弹制造出来后不久就出现了，但直到20世纪50年代才出现了大规模的反核浪潮。1954年3月，美国在比基尼环礁进行的氢弹试验，使世界第一次对放射性沉降物有了深刻的认识。爆炸产生的尘埃雨点般落在马绍尔群岛（Morshall Islands）和一艘日本渔船"幸运龙"号上。此后不久，一部分伦敦的家庭主妇发起了一场运动，向美国政府施压，要求其停止核试验。这一事件成为禁试运动的开端，为推动四十年后《全面禁止核试验条约》的签订提供了动力和基石。最初的抗议活动还导致了后来的全国核裁军运动。英国哲学家兼数学家伯特兰·罗素（Bertrand Russell）是这场运动的倡导者。如果说战争不再合乎逻辑，那么核武器的进一步试验也不再合乎逻辑。

第五章

核威慑与军备控制

20世纪70年代末，英国女王伊丽莎白宣称，核武器"强大的破坏力让世界在过去35年里避免了一场大战"。这个观点也是冷战时期大多数政治家以及随后许多学者的观点。后来，历史学家约翰·刘易斯·加迪斯（John Lewis Gaddis）将长达45年的冷战视为"长期和平"。因为美国和苏联之间没有发生直接的重大对抗。他认为，这是一项前所未有的成就，因为"在此之前，除极少数例外情况外，武器装备的改进增加了战争的成本，却并没有阻止战争发生的倾向"。因此，从这个意义上说，核革命就像一场大地震，引发了一系列冲击波，并逐渐影响到整个政治体系。

但并非所有观察家都同意这一点。一些人认为，核武器与维持和平"基本无关"。因为即使没有这些新的破坏性装置，世界大战的代价也过于高昂，理性的领导层不会参与其中。国务院前官员雷蒙德·L. 加索夫（Raymond L. Garthoff）承认，两个超级大国手中核武器的存在无疑起到了"抑制和威慑作用"。但他总结说，如果没有核武器，

"美国和苏联也不太可能会互相攻击，虽然不那么确定，但很有可能不会采取其他可以引发两国之间全面战争的挑衅性军事行动"。

对于核武器的破坏力能够维持超级大国之间相对和平的这一命题，意见几乎不可能达成一致。但有一点需要注意。例如，1985年，北约秘书长卡林顿（Carrington）勋爵表示他相信威慑的价值："我不相信它奏效了，但据我所知，它看起来的确很有效……目前没有其他方法可以维持世界和平。"在提到"维持世界和平"时，他指的是没有发生核战争。尽管拥有核武器的国家不会随意发动战争，但是这并不妨碍其他国家发动常规战争。

冷战期间，使用常规武器发动战争的事件屡有发生。

76 其间的冲突案例表明了两条不成文的铁律：第一，任何核大国都不会对另一个核大国动用军事力量；第二，一个核大国在对一个无核国家动用军事力量时，不会使用核武器。此外，美国在朝鲜战争和越南战争中认识到，拥有核武器并不一定能阻止无核国家与核大国的盟友之间发生冲突。

核威慑的演变

直到核时代的第二个十年，核武器的危险性以及对这种危险的认识，才产生了威慑的概念，并造成了冷战僵局。《原子科学家公报》的编辑尤金·拉宾诺维奇（Eugene Rabinowitch）选择将1956年作为"威慑时代"的诞生年，称其为ADI，即"威慑元年"。随后，其他一些人将核威慑出现的时间分别定为1954年、1955年或1957年。《兰登书屋词典》（1987年）选择将1955年作为威慑出现的年份，并将其定义为"各国之间分布的核武器，使这些国家都不会因为害怕被报复而发起攻击"。这种对峙也被称为"恐怖平衡"——这是温斯顿·丘吉尔的名言。但对于大众来说，这有点过于刻意，而"威慑"一词则更容易消化。

武器研发阶段

研发（R&D）：这一阶段持续一两年到十多年不等，其间主要对概念和基本技术进行探索。

工程与制造开发（EMD）：这个阶段可能需要五年或更长的时间，主要是设计和开发、制造和组装系统的工业流程。

开发测试：这个阶段与前两个阶段同步进行，目的是了解新系统的优缺点，并将上述技术应用到军事环境中。

运行测试：在真实的作战环境中使用生产设备进行夜间环境、恶劣天气、真实的反制措施的演习。

生产阶段：首先进行小规模的生产，在通过实操测试后进入全速生产模式。

部署阶段：以不同的规模在军事单位部署新系统，在这个过程中，会开发、增强新系统在开发阶段所欠缺的实用战术、技术和程序。

78

（资料来源：Philip E. Coyle：《今日军备控制》，2002年5月，第32页）

20世纪50年代末，随着热核装置的出现和核弹头远程弹道导弹的问世，核威慑的概念广为流传。随着20世纪60年代核武库的扩大，"威慑政策"和"威慑战略"成为"核政策"（"核武器政策"的简称）和"核战略"的委婉表达。战略理论家们逐渐将"可信""有效""稳定"和"相互"等词与核平衡或威慑的概念联系起来。

这些理论家们还对使用不断扩大的核武库的可能方法进行了推测。当一个国家认为自己有足够的核力量压制敌人，从而取得胜利的时候，就可以实施首次打击。而与此密切相关的先发制人打击，则意为一个国家预期在它的敌人准备实施首次打击时发动核打击。报复性打击或二次打击能力指的是一个国家受到首次核打击后，保留足够的武器给其攻击者造成不可接受的损害的能力，至少是主观感受上不可接受的损害。

然而，决策者和公众很少能理解如此赤裸裸的策略。因此，威慑既不是军事战略，也不是政策，它只是被视为一种政治现实。当美国和苏联政府相信它们的军事部门有能力承受首次核打击，并仍然拥有足够的力量进行报复性打击时——就像他们在20世纪60年代末所做的那样——相互威慑即使不是在正式政策中出现，也已经在事实上出现了。

如果说威慑逐渐变成了相互的，那么两个超级大国的观念和政策在冷战一开始就出现了分歧。它们的社会政治体系建立在不同的意识形态、地缘政治、经济基础上，这使他们对彼此的政策设计和意图产生了严重的担忧。斯特罗布·塔尔博特（Strobe Talbott）在《时代》杂志上感叹道："四十多年来，西方的政策一直建立在一种怪诞的夸大之上，也就是苏联如果想做什么，它就能做什么，因此它可能会做什么，西方随即必须准备做什么来回应。"这导致对苏联能力造成的最坏假设被严重夸大。与此同时，随着军国主义深入美国人的生活，美国开始发生令人不安的变化。美国社会自其建国以来就持有的对武器和军队的怀疑态度开始消失。政治领导人，无论是自由派还是保守派，都开始迷恋军事力量。苏联驻华盛顿大使阿纳托利·多勃雷宁（Anatoly Dobrynin）在回忆录中承认，莫斯科的冷战政策也不合理地受到了意识形态的支配，导致了持续的对抗。米哈伊尔·戈尔巴乔夫（Mikhail Gorbachev）后来总结说，超级大国被意识形态神话迷住了。

这些意识形态和政治上的紧张关系导致两国采取了不同的战略来避免核决战。因此，美国几乎完全是从军事能力的角度来解决防止战争的问题，苏联则主要从政治动机和意图的角度来解决防止战争的问题。两个大国不同的侧重点对各自的军事理论和军事力量产生了重要影响。

在整个冷战期间，美国领导人通常奉行一种自相矛盾的核战略。例如，一方面，杜鲁门总统深信核武器在抵御敌人的过程中发挥着至关重要的作用；但另一方面，他又担心一场涉及核武器的战争很可能会摧毁美国和现代文明。在1953年1月的告别演说中，杜鲁门宣称"发动核战争对于理性的人来说是完全不可想象的"。他后来说，"因为这会影响到平民百姓，会严重地伤害他们"。艾森豪威尔总统也认为使用热核武器发动战争是"荒谬的"。然而，就在这两届政府及其后几届政府承认核战争是"不可想象"的同时，美国政治领导人和军事首脑们仍在继续寻求核武库，以推进他们更为有限的政治目标。

杜鲁门政府试图将威慑思想与执行新的遏制政策相结合，以防止并最终扭转苏联间接和直接扩张的影响力。杜鲁门政府遏制苏联的基本国家战略不仅要"阻止苏联势力的进一步扩张"，而且要"通过战争以外的一切手段，促使克里姆林宫的控制力和影响力回缩……"华盛顿希望其原子垄断权能扩展威慑理论（防止美国遭受核攻击），包括

"强制"的可能性（迫使苏联从东欧撤军）。

广岛的毁灭对莫斯科几乎没有产生威慑作用，但却促使苏联领袖约瑟夫·斯大林坚持拥有核武器以维持力量平衡。而且，他对苏联向东欧的扩张持不同的看法：这是为阻止德国未来的野心以及为恢复俄罗斯的历史疆界而建立的一道屏障。

在冷战初期，美国曾有过几次应用"原子胁迫"的努力，即通过核战争威胁来达到预期效果。杜鲁门在回忆录中断言，美国的原子垄断将迫使莫斯科于1946年3月从阿塞拜疆北部撤军。但随后的文件表明，苏联并没有被这些威胁所影响。

在1953年至1955年的危机期间的秘密讨论中，艾森豪威尔总统坚持认为，使用核武器"既不是不可想象的，也不是不可能取得胜利的"。为了获得更多"回报"，艾森豪威尔推出了"新面貌"计划，削减了陆军和海军的经费，同时增加了用于扩充战略空军司令部和增加美国核武库的拨款。

美国国务卿约翰·福斯特·杜勒斯（John Foster Dulles）于1954年在《时代》杂志上发表了臭名昭著的文章《大胆的政策》，进一步美化了政府的"原子威慑"。他认为，其盟国必须得到"大规模报复力量"的支持。他认为，"威慑侵略的方法是自由社会愿意并能够在自己选择的地点和手段上做出有力的回应"。我们无法确定这些威胁是否改变了苏联的决策政策，但肯定会让许多外交政策群体感到不安。

随后，三个事件的发展令美国公众感到震惊，对艾森豪威尔的国防政策提出了挑战。1955年11月22日，苏联出乎美国政府意料地成功地引爆了氢弹；1957年8月，苏联试射了洲际弹道导弹；同年10月，苏联发射了第一颗人造卫星"斯普特尼克一号"，震惊世界。公众的不安促使总统成立了一个由罗文·盖瑟（Rowan Gaither）领导的委员会，以评估国家的脆弱性。盖瑟的报告于1957年11月7日发布，题为《核时代的威慑与生存》。报告认为，苏联将在一年内拥有十几枚可用的洲际弹道导弹，而美国则需要两三年的时间才能赶上——这就是"导弹差距"（约翰·肯尼迪总统很快了解到，苏联才是面临"导弹差距"的国家）。

　　1958年7月，艾森豪威尔面临两种令人不安的预想情况：第一种情况是，苏联发动核打击，"消灭"美国联邦政府，并摧毁美国经济；第二种情况是，苏联摧毁萨克森州的所有基地，但仍会对美国造成严重破坏。在美国预设的报复行动中，苏联将遭受大约三倍于美国的损失，而美国的损失同样是惊人的：人口将会减少近1.78亿，占其总人口近65%。震惊之余，艾森豪威尔的观点发生了巨大变化——在一场全面战争中，不可能会有赢家，因此，热核武器只能用于威慑。

| 相互确保摧毁战略

1967年9月，国防部长罗伯特·麦克纳马拉（Robert McNamara）承认苏联的核集结已与美国接近均势，从而形成了"确保摧毁"的局面（评论家唐纳德·布伦南在"确保摧毁"后加上了"相互"二字，即mutual assured destruction，缩写为MAD），大规模报复政策被正式取代。宣扬以实力求和平的美国军事首脑们对"MAD"这一概念并不认同。托马斯·S.鲍尔斯（Thomas S. Powers）将军在1965年写道："威慑的首要原则是保持在任何条件或情况下取得军事胜利的可信能力。"愤怒的空军将领柯蒂斯·李梅（Curtis LeMay）坚持说："我们现在奉行的威慑哲学已经耗尽了我们的红色军事血液。"

尽管如此，在预算有限的情况下，美国军方仍然为每个军种都设计了一个增加核战略功能的方案（"三位一体"）。空军拥有战略轰炸机和核弹头洲际弹道导弹（intercontinental ballistic missiles，ICBM），海军拥有潜射弹道导弹（submarine-launched ballistic missiles，SSBM），陆军拥有中程弹道导弹（intermediate-range ballistic missiles，IRBM）、核大炮、地雷以及反导弹防御系统。至少从理论上讲，"三位一体"减少了敌方在首次打击中摧毁一个国家所有核力量的可能性，确保可以实施毁灭性的二次打击。

弹道导弹基础知识

弹道导弹按其最大射程分类，最大射程由导弹发动机和弹头重量决定。为了增加导弹的射程，可将火箭堆叠在一起，称为"中转"。

弹道导弹一般分为四类：

◆ 短程弹道导弹，射程小于1 000公里。

◆ 中程弹道导弹，飞行距离在1 000～3 000公里。

◆ 远程弹道导弹，飞行距离在3 000～5 500公里。

◆ 洲际弹道导弹，飞行距离超过5 500公里。

中短程弹道导弹被称为战区弹道导弹，洲际弹道导弹被称为战略弹道导弹。

所有弹道导弹都经历三个飞行阶段[1]：

◆ 助推阶段从发射时开始，一直持续到火箭发动机停止点火并将导弹推离地球。根据导弹的不同，这一阶段持续三到五分钟。在这一阶段的大部分时间里，导弹的飞行速度相对较慢，但在这一阶段即将结束时，洲际弹道导弹的速度可达到每小时24 000公里以上。在这一阶段，导弹保持完整。

◆ 中段阶段在火箭完成发射后开始，导弹以弹道方式飞向目标，这是导弹飞行的最长阶段。洲际弹道导弹可持续长达 20 分钟。在中段阶段的早期，导弹仍在向远地点上升，而在后期则向地球下降。正是在这一阶段，导弹的弹头以及所有诱饵与运载工具分离。

◆ 终端阶段从导弹弹头重新进入地球大气层开始，一直持续到撞击或爆炸。对于时速超过 3 200 公里的战略弹头来说，这一阶段持续不到一分钟。

[1] 短程和中程弹道导弹可能不会飞出大气层，弹头与助推器也不会分离。

（资料来源：Philip E. Coyle：《今日军备控制》，2002年7月/8月，第31-34页）

国防分析家和军事首脑们轻视了"对等"和"足够"的概念，他们试图找到使用核武器的方法和扩大核武库的理由。在短暂的兴奋时刻，他们讨论了有关核战争的概念——"有限核战争""分级威慑""基本等效""预警发射""先发制人"等，结果却被一一驳斥。例如《伦敦经济学家》认为，"分级威慑"有两个致命缺陷：第一，当威慑升级为侵略时，原本的威慑力量会被降低；第二，如果有限度地使用"威慑"，自我克制就不会被承认。

由于苏联军队直到1954年才获得核武器，而且在更长的时间里也没有足够的运载系统，莫斯科无法依赖核威慑。

因此，苏联避免战争的方法基本上都是政治性的。与美国将威慑作为战略和政策的核心不同的是，苏联历届领导人通过调整战略、政策甚至意识形态来应对核时代，将预防战争放在首位。

在第二次世界大战结束后的几年里，斯大林并不认为美国人和英国人会进行军事行动。但他在试图向西方施压以迫使其撤出柏林时，似乎失算了。尽管如此，在无核化之前的这些年里，苏联的军事计划似乎主要是防御性的。

斯大林的继任者将威慑纳入了他们的考虑范围：从20世纪50年代中期的理论上，到20世纪60年代中期的临时实际能力，再到20世纪70年代早期或中期的大致势均。苏联装载氢弹后，格鲁吉亚总理格奥尔基·马林科夫（Georgii Malenkov）是第一个警告核战争将意味着世界文明终结的领导人。政治对手谴责他重复艾森豪威尔的警告，但随着这些批评者们接替他的位置，他们很快发出了同样的声音。

20世纪50年代末和60年代初，莫斯科确实在试图炫耀其核武器，但矛盾的是，这恰恰是在其相对最虚弱的时候。从1956年的苏伊士运河危机到1962年10月的古巴导弹危机，莫斯科都试图通过夸大其核能力来将苏联的弱点转化为一种威慑力，甚至是一种政治上的强势。当赫鲁晓夫决定在古巴秘密部署苏联的战术核武器和具备核能力的中程轰炸机时，他的理由是要加强苏联的威慑力。至于他是想将这种威慑力量用于进攻还是防御，学者们一直争论不休。部署情况一经发现，约翰·肯尼迪就对这一挑战做出了回应——对该岛实施了海上封锁，并威胁说如果不撤走导弹和轰炸机，就采取军事行动。经过长达一周的对峙（其间战略空军司令部的部队处于空中警戒状态），苏联领导人同意撤走导弹，一个月后又同意撤走轰炸机。在这次壮观的失败之后，莫斯科放弃了其打算。因为即使苏联在20世纪60年代和70年代建立了真正的核力量，并在20世纪80年代与美国保持了均势，巩固了核威慑，他们也从未再试图通过武力，甚至是威胁使用武力来纠正核平衡。

人们对冷战期间苏美的战争计划知之甚少，但这些计划都表明，一旦威慑失败，苏联的武装力量将寻求作战机会。1955年，帕维尔·罗特米斯特罗夫（Pavel Rotmistrov）元帅提出：苏联核理论需要转变，也就是在发现敌方即将发动核攻击时，支持先发制人的打击（比杜鲁门政府提出相同概念晚了五年），以防止突然袭击削弱其报复力量。他强调说，在轰炸机时代，先发制人的想法并不是突袭或预防性战争的幌子。苏联武装力量的职责是不允许敌人对其发动突然袭击，如果有人企图发动袭击，不仅要成功击退袭击，而且要同时或甚至先发制人地对敌人实施毁灭性打击。"先发制人"理论在20世纪60年代末被"报复性打击"所取代，也许20世纪80年代的"报复性打击"本身就是"先发制人"战略的一种替代。

在整个冷战期间，华盛顿一直在争论苏联是否真的准备接受威慑概念，或者他们是否正在发展超越"防御性"威慑的武器和战略。然而，苏联领导人并不认为美国的威慑概念是良性的或防御性的；相反，他们认为其威慑是进攻性的——具有强制性和威慑性。

回顾威慑，我们不禁要问：多少才算足够？英国工党人丹尼斯·希利（Denis Healey）是20世纪80年代初的影子外交大臣。他曾宣称手中只有5%的弹头对威慑莫斯科是真正必要的，其余95%的弹头只是为了让公众放心。《原子科学家公报》在1992年5月刊中，向一组核问题专家提出了这样的问题：我们应该如何处理核武器？所有人都希望"大幅削减"现有核武库，大多数人同意各国应保持"威慑所需的最低数量"。许多人将理想的核武器保留数量定为100件。显然，以威慑潜在对手为名所做的许多事情实际上是为了让朋友、盟友和本国公民放心。

88

军备控制与核稳定

传统观念认为，军备竞赛是外交政策目标冲突的结果，随着国际政治紧张局势的缓和，军备竞赛将会消失。20世纪60年代，这一有历史依据的观点失去了意义，因为带有核弹头的洲际弹道导弹颠覆了这一观点。与其说军事力量支持外交政策，不如说管理核武器成为主要的外交政策目标。1945年后的这些军控谈判常常被视为神秘莫测的讨论，它们发挥了重要作用，却又经常被忽视。冷战期间，军控成为苏美交流的主要渠道，即使在局势紧张时期，军控也以某种形式继续进行。

冷战期间倡导军备控制和裁军政策有几个目的：加强国家安全、减少军费开支、影响国际舆论以及获得国内党派政治优势。然而，超级大国进行旷日持久的谈判并最终达成许多协议的首要原因是，在核时代有必要维持一个稳定的国际环境。

1946年6月，伯纳德·巴鲁克在联合国原子能委员会就职典礼上提出了处理核武器问题的建议（第3章对此进行过讨论），但并未成功。在接下来的四十年间，关于军备控制措施的多边和双边讨论数以百计，甚至数以千计。从那时起，华盛顿一直坚持采用侵入式核查系统来核查条约的履行情况，而莫斯科则将此视为合法化的间谍活动，这成为阻碍未来的军控努力的重要原因。一些批评者不无道理地认为，核查问题在军控谈判中已变得过于突出。他们还认为，美国的要求是有目的的，目的是阻碍此类谈判，或者说，如果这些要求被同意，将大大增加其收集一般情报的机会。

20世纪50年代，由于大气层核试验产生的放射性尘埃引发了世界范围内要求停止核试验的声音，军备控制活动转向了更为有限的、以技术为导向的目标。艾森豪威尔总统要求技术专家开发一个核查系统，此举产生了意想不到的长期效果——专家们往往会将问题复杂化，以至于无法解决。在开发出能够区分地震和几乎所有地下核爆炸的技术之后，技术人员仍在继续寻找能够降低已经相当低的错误率的方法。全面禁止核试验的谈判变得不可能，因为批評者认为，人们无法绝对确定没有作弊行为。事实上，这种对于技术细节的过分强调，使得验证禁核试验的问题显得越来越棘手，因为美国地震专家和政客们要求的验证系统侵入性过甚，无法为苏联所接受。

艾森豪威尔只是非正式地暂停了试验，而约翰·肯尼迪就任总统后却决心通过谈判达成全面禁止核试验的协议。1963年7月，即古巴导弹危机解决的"分红日"，当W. 埃夫里尔·哈里曼（W. Averell Harriman）大使前往莫斯科敲定禁试协议时，他带上了科学顾问，却有意将他们排除在谈判团队之外，强调军控谈判从根本上说是政治任务。正如他后来解释的那样，"专家要指出所有的困难和危险……但政治领导人要决定政治、心理和其他方面的优势是否能抵消可能存在的风险"。然而，到了这个时候，几乎可以肯定这样的条约是不可能达成的。除了参议院认为全面禁止核试验的条约不会获得通过之外，赫鲁晓夫还重申了他对现场视察的反对意见——苏联绝不会"向北约间谍敞开大门"。

但赫鲁晓夫表示，他愿意缔结一项有限或部分禁试条约。因此，在肯尼迪总统密切关注和监督下，经过10天的紧张谈判，主要谈判代于1963年7月25日在莫斯科草签了《禁止在大气层、外层空间和水下进行核武器试验条约》（即《有限禁试条约》）。

20世纪60年代末，苏联实现了战略武器的大致均势，美国的冷战斗士们呼吁华盛顿加紧努力，实现美国的军事优势。与此同时，华盛顿内外的军备控制支持者则认为，通过谈判限制军备竞争比双方争夺暂时的军事优势更有可能带来长期安全。物理学家兼外交官赫伯特·约克（Herbert York）坚持认为，这种军事实力稳步上升而国家安全稳步下降的两难局面给双方带来的问题"在技术上无解"，需要政治解决方案。

在 1969 年的就职演说中，理查德·尼克松（Richard Nixon）谈到了"谈判的新时代"。他说，在这个新时代，所有国家，特别是超级大国，都将寻求"减少军备负担"，同时重振"和平结构"。根据尼克松的设想，这可以通过"联系"或"缓和"计划来实现。他和他的国家安全顾问亨利·基辛格（Henry Kissinger）准备在与苏联讨论战略军控和贸易问题时做出远超前任政府的成果，但他们希望克里姆林宫能做出回应，协助解决非洲、中东和东南亚地区的持续争端。

1969 年 11 月，超级大国代表团开始就防御性和进攻性战略武器系统（主要是洲际弹道导弹和潜射弹道导弹）的限制问题进行双边会谈。这些谈判断断续续地持续进行，最终达成了：两项战略武器限制条约——《第一阶段限制战略武器条约》（strategic arms limitations treaties，SALT Ⅰ）和《第二阶段限制战略武器条约》（SALT Ⅱ），《中程导弹条约》（the Intermediate-Range Nuclear Forces，INF）——冷战期间唯一真正削减进攻性核武器数量的条约，以及最终于 1991 年结束的削减战略武器会谈《第一阶段削减战略武器条约》（the strategic arms-reduction talks，START Ⅰ）。

1972 年 5 月签订的《第一阶段限制战略武器条约》包

括：《反弹道导弹条约》（该条约限制每一方只能部署两枚
导弹）、关于战略系统的《临时协议》（1972—1977 年）以
及一项基于政治性的《关系基本原则协议》。《临时协议》
对战略系统的限制实际上高于双方目前所拥有的系统，但
它确实为未来的部署设定了上限。为了击败苏联的反弹道
导弹系统，美国于 1967 年开始研制一种多目标独立再入飞行
器（multiple independently targeted re-entry vehicle，MIRV）。
该飞行器在一枚导弹上能够携带多个弹头，每个弹头都能
打击不同的目标。与会代表本可以在《第一阶段限制战略
武器条约》谈判期间停止 MIRV 计划，但五角大楼和国会的
反对者们警告基辛格"不要带着 MIRV 计划的禁令回来"。
三年后，当莫斯科部署了大量自己的 MIRV 后，五角大楼为
其坚持暂时优势的短视行为付出了代价：因为 MIRV 的部署
使得先发制人打击在危急情况下显得更有希望，因为双方
的洲际弹道导弹都变得不堪一击。

　　《关系基本原则协议》由克里姆林宫发起，虽然美国领
导人普遍不予理睬，但苏联的官员认为它是"一项重要的
政治宣言"。正如多勃雷宁回忆的那样，他们希望它能成为
"两国关系缓和的新政治进程"的基础，因为它承认苏联的
和平共处理论，承认"平等原则是两国安全的基础"。莫斯
科认为，尽管苏美在第三世界存在"小"问题，但超级大
国仍可合作解决基本分歧。然而，华盛顿却将"缓和"解
释为苏联在第三世界应保持"放手"政策。由于未能确定
"缓和"的边界，也未能获得共识，这一想法注定要失败。
美国"鹰派"强烈谴责任何缓和与苏联关系的企图。

1974 年 11 月，杰拉尔德·福特（Gerald Ford）总统和苏联总理列昂尼德·勃列日涅夫（Leonid Brezhnev）在"符拉迪沃斯托克原则"上达成一致：双方应将洲际弹道导弹、潜射弹道导弹和远程轰炸机的数量限制在 2 400 枚以内，其中 1 320 枚可携带多弹头。但他们未能最终达成《第二阶段限制战略武器条约》。在最初磕磕绊绊的努力之后，吉米·卡特总统（Jimmy Carter）最终于 1979 年 4 月同意了长达 78 页的《第二阶段限制战略武器条约》。该条约严格遵循了所谓的"符拉迪沃斯托克原则"，但也限制了空对地巡航导弹，并列出了大量的质量限制条件。然而，他也未能推动该条约获得批准。

罗纳德·里根（Ronald Reagan）在会见苏联领导人戈巴乔夫之前从未支持过任何一项军控条约。他反对 1963 年的《有限禁试条约》、1968 年的《不扩散核武器条约》、1972 年的《第一阶段限制战略武器条约》和《反弹道导弹条约》，并谴责《第二阶段限制战略武器条约》存在"致命缺陷"。此外，在里根第一任期的早期，他就结束了《全面禁止核试验条约》的谈判，并于 1986 年 5 月终止了美国对《第二阶段限制战略武器条约》的履行。与里根的拥护者相反，戈尔巴乔夫的让步对里根总统在任期内取得的军备控制成就至关重要。

1982 年 5 月，里根宣布了一项"切实可行地分阶段削减"战略武器的计划。如果说公众热情高涨，那么分析家们则认为最初的《第一阶段削减战略武器条约》没有商量的余地。因为该条约要求苏联拆除其最好的战略武器，而美国则保留了大部分"民兵"导弹，部署了100枚新型大型实验型导弹（Missile Experimental，MX），部署了新型巡航导弹，并实现了潜艇和轰炸机舰队的现代化。在接下来的四年中，试图修改该条约的美国政府机构之间争吵不休，促使国家安全委员会的一位高级成员承认："即使苏联不存在了，我方也可能因为内部的意见分歧而无法达成削减战略武器条约。"另一位美国高级官员抱怨说："如果苏联来对我们说'你写吧，我们签'，我们还是做不到。"

　　1984年1月，里根总统开始为连任做准备，他面临着多方面的困境——如何缓解与莫斯科的紧张关系，转移国内外反核抗议者的批评，以及安抚参议院中急于指责苏联违反军控的强硬派。中央情报局局长威廉·凯西（William Casey）曾告知里根，北约模拟核反应程序的"ABLE ARCHER"演习引起了苏联情报官员的警觉，他们认为这可能是核攻击的前奏。总统不相信莫斯科真的害怕美国的攻击，但他在1月16日谈到了，通过军备控制"降低战争风险，尤其是核战争风险"，同时提到了关于苏联可能不履行或规避先前条约的问题。里根在向苏联发出和平呼吁后，又指控苏联作弊，这为这位前加利福尼亚州州长在1984年的竞选中提供了王牌，民主党人很难超越。

　　随后，美国国会收到了一系列报告，报告声称苏联存在各种违规行为（苏联也以自己的清单回应了美国的规避行为），其中大部分都是针对"灰色地带"的控诉。不过，莫斯科确实有两项重大违规行为——一个是未完成的雷达站，违反了《反弹道导弹条约》；另一个是庞大的生物战实验项目（直到冷战结束后才被发现），违反了《生物战公约》。

在1986年10月的雷克雅未克峰会上，里根建议在十年内销毁所有弹道导弹。戈尔巴乔夫的秘书长立即予以反驳，他要求在十年内销毁苏联和美国的所有战略核武器，并将战略防御计划［里根的导弹防御计划，被媒体称为"星球大战"（见下一章）］限制在十年的试验阶段。当里根拒绝接受对其"星球大战"计划的任何限制时，这些激进的军备削减建议失效了——这让美国军事领导人和北约成员国都松了一口气，毫无疑问，也让苏联高级元帅们松了一口气。

尽管如此，在雷克雅未克会议上，戈尔巴乔夫还是取得了重大突破，同意了美国的现场视察要求。在《有限禁试条约》和《第一阶段全面禁止核试验条约》签订后，华盛顿一直采用国家技术手段——利用卫星侦察、电子监控和其他自我管理的情报收集技术——进行核查。雷克雅未克会议后，苏联坚持要采用侵入式核查，但五角大楼和情报机构不想让苏联在美国国防工厂里徘徊，于是开始重新考虑。正如国防部长弗兰克·卡卢奇（Frank Carlucci）所承认的："事实证明，核查工作比我们想象的要复杂得多。硬币的另一面是它对我们的应用。我们考虑得越多，难度就越大。"

雷克雅未克会议后不久，戈尔巴乔夫再次出人意料地接受了美国对《中程导弹条约》的"零选择"。该条约要求苏联不成比例地削减核武器，包括其部署在亚洲的导弹。

1987年12月8日，他与里根签署了《中程导弹条约》，其中包括首次削减核军备和一个精心设计的美苏现场视察系统。《中程导弹条约》是冷战最后阶段建立的国际军备控制制度的核心支柱，将持续三十年。直到冷战结束后，乔治·H. W. 布什总统和戈尔巴乔夫总统才于1991年7月签署了长达750页的复杂的《第一阶段削减战略武器条约》。这是第一份要求大幅削减战略武器的协议，双方弹道导弹上携带的核弹头几乎有近50%将被销毁。该条约有效期为15年，并可延期。在限制核弹的历史上，这是一个非常有希望的时刻，这也为冷战画上了一个完美的句号。由于好运气和相互谨慎，核稳定得以实现。

第六章

星球大战

20世纪40年代末冷战爆发之初，美国官员简单地认为，美国单独拥有原子弹就能阻止苏联进一步向西欧或亚洲扩张。20世纪50年代初，苏联研制出核武器和能够在北极上空投掷原子弹的飞机后，美国加快了研制能够击落敌方轰炸机导弹的努力。热核弹头在20世纪50年代末问世，核弹头洲际弹道导弹在20世纪60年代初开始部署，这都促使两个超级大国开始积极寻求可行的反弹道导弹防御系统。

华盛顿和莫斯科都发现自己陷入了一场攻防军备竞赛，威胁到了萌芽中的核威慑体系的稳定。随着威慑概念开始深入人心，人们开始担心反弹道导弹防御系统是否真的能起到很大的防御作用，以及是否具有成本效益。最终，在党派纷争的驱使下，美国国内的政治选择压倒了之前对成本和有效性的担忧——乔治·W.布什总统于2002年下令部署未经测试的反导系统。

美国最初的导弹防御项目

美国的导弹防御计划始于1944年11月。当时，美国陆军与通用电气公司签订合同，共同研究如何保护美军不受德国V-2导弹的攻击。后来，在缴获的德国文件和1946年抵达美国的德国科学家的协助下，通用电气公司加快了弹道导弹防御研究。在12个月的时间内，通用电气组装并发射了100枚V-2导弹，以获得有关进攻性弹道导弹的弹道和重返大气层的重要数据。研究工作的开展最终诞生了1953年陆军防空导弹"奈基-阿贾克斯"和次年陆军后续防空导弹"奈基-大力神"。

1957年，苏联的两项发展令美国人震惊，同时也对美国科学家开发反导弹系统提出了挑战。8月，苏联试射了一枚洲际弹道导弹；10月，苏联发射了第一颗人造卫星"斯普特尼克一号"，令世界震惊。这些事件引发了人们对美国在突如其来的核攻击面前的脆弱性的质疑——苏联领导人热衷于加深这种质疑，因为他们宣布其火箭能够到达全球的任何地方。艾森豪威尔总统成立了一个由罗文·盖瑟领导的高级委员会。该委员会建议开发一种反弹道导弹防御系统，以保护战略空军司令部的导弹基地。

　　1962 年古巴导弹危机后，国内的政治环境和拥有稳定核环境的愿望在美国和苏联的反弹道导弹决策中发挥了重要作用。国会议员对美国在 1962 年的危机中的脆弱性感到震惊，敦促总统立即部署国家反弹道导弹系统。与此同时，苏联用更可靠、更快速的固体燃料洲际弹道导弹升级了他们的液体燃料远程导弹（液体燃料远程导弹的发射准备需要耗费相当多的时间和精力）。到 1967 年，苏联估计拥有 470 枚固体燃料洲际弹道导弹，而美国拥有 1 146 枚。这表明，两个超级大国都拥有足够多的导弹来有效地威慑对方，除非一方拥有有效的国家弹道导弹防御系统。

　　林登·约翰逊（Lyndon Johnson）总统在 1967 年 1 月 24 日致国会的预算咨文中表示，将继续开发前景广阔的 Nike-X 反弹道导弹系统，但该系统尚未做好部署准备。Nike-X 是一种将多阵列雷达与拦截导弹连接在一起的陆军反弹道导弹系统。但随后，参谋长联席会议主席厄尔·惠勒（Earle Wheeler）将军告诉众议院拨款委员会，美国应立即部署轻型导弹防御系统，但他承认，参谋长联席会议更倾向于在"人口密度最高的地区"部署重型反弹道导弹城市防御系统。惠勒坚称"Nike-X 已做好部署准备"。包括"审慎国防政策委员会"（Committee for a Prudent Defense Policy）在内的其他知名人士则希望，美国部署基础稳固的反弹道导弹系统，以应对苏联"戈拉什反弹道导弹系统"对威慑稳定性的挑战。

　　尽管面临巨大压力，国防部长罗伯特·麦克纳马拉仍对 Nike-X 系统的有效性发出质疑，并担心反弹道导弹系统正在成为危及美苏现有核均势的不稳定因素。他敦促约翰逊总统慢慢来，因为还有其他两个更具成本效益的选择：一是提高美国的进攻能力；二是与苏联协商限制进攻性和防御性战略武器的可能性。

1967年6月，在新泽西州格拉斯伯勒（Glassboro）与林登·约翰逊总统举行的简短峰会上，阿列克谢·柯西金（Aleksei Kosygin）总理坚称，苏联计划中的导弹防御系统"不会杀人"，它们只起保护作用。此外，他还坚持认为，"防御是道德的，进攻是不道德的"。具有讽刺意味的是，三十五年后，詹姆斯·M.林赛（James M. Lindsay）和迈克尔·E.奥汉隆（Michael E. O'Hanlon）认为："当技术允许时，却仍要致美国人民于轻易受到攻击境地的国家安全政策是不道德和不可接受的。让国家处于不设防状态不仅违背常识，而且会削弱美国在全球的地位。"

反弹道导弹的支持者认为，如果没有防御系统，拥有核弹头弹道导弹的敌对政府很可能会认为它们能够威胁到美国在世界范围内的广泛利益，从而阻止华盛顿采取措施保护这些利益。此外，如果没有足够的导弹防御，美国的盟友可能会质疑华盛顿是否愿意履行其安全承诺，从而削弱美国的全球影响力。后来，美国国内开始担心恐怖组织可能会获得带有核弹头的弹道导弹来攻击美国的城市。

与此相反，反弹道导弹计划的反对者则对美国弹道导弹防御计划的高成本和有效性发出质疑。他们还担心这种反导系统会破坏与盟友和对手关系的稳定。如果美国不会采取报复行动，那么对手国家是否会担心美国的行为是在炫耀自身的战略储备，以此迫使他们顺从华盛顿的意愿，否则将面临严重后果？美国的导弹防御是否会让对手感到恐惧而不得不在危机初期先下手为强？这个计划实施起来会阻碍限制战略武器的努力吗？下一步会不会是在太空部署核武器？美国导弹防御系统是否会重新引发战略核军备竞赛？

因此，反对者认为，如果全国范围的导弹防御导致敌人考虑发动首次打击，刺激太空军备竞赛，或导致弹道导弹和大规模杀伤性武器扩散，美国人将发现自身的安全反而会大打折扣。他们一再敦促不要为了寻求技术解决方案而牺牲战略军控活动，因为这样做的后果既不确定又代价高昂，不能在单边行动中冒险。

103

苏联导弹防御项目

美国在20世纪40年代末垄断了核武器，并拥有用于运载核武器的轰炸机，这促使苏联集中力量发展防御系统。1947年，苏联开始仿造二战德国的火箭试验防空导弹，并最终于1953年5月25日成功击落了一架TU-4无人驾驶轰炸机。六个月后，莫斯科周边开始建造防空导弹防御系统（S-5），该防御系统可以保护城市免受多达1 000架攻击性轰炸机的攻击。1956年，该防御圈被指定在1967年11月之前接收苏联第一套反弹道导弹系统（"A-35"或"Galosh"）。然而，对新型S-350拦截导弹的测试表明，它无法应对美国的新型MIRV。美国的每枚洲际弹道导弹后助推飞行器（通常称为"总线"）现在都可以携带数枚诱饵和至少3枚以上单独的核弹头。

与此同时，苏联在1974年决定开发A-135反弹道导弹系统，以替代A-35系统。A-135的设计目的是对付单枚或装有MIRV的洲际弹道导弹，其具有两级防御能力。装有A-350发射器的第一级拦截导弹将攻击大气层外（外大气层）的洲际弹道导弹，而装有A-350发射器的第二级拦截导弹将对付大气层内（内大气层）的洲际弹道导弹。第一级系统面临着定位和区分诱饵与弹头的困难，这是任何反弹道导弹系统均要面临的最大难题。1975年和1976年在萨里沙甘（Sary Shagan）成功试验两级系统后，国防部长批准在莫斯科周围建造7个A-135发射场。苏联1978年开始建造多用途Don-2N雷达系统；1981年开始建造加固导弹发射井，这些发射井于1987年11月竣工。然而，A-135系统直到1997年左右才全面投入使用。

苏联对其反弹道导弹系统阻止弹道导弹穿透的能力仍然信心不足。因此，自冷战结束以来，他们一直专注于改进洲际弹道导弹，并为其配备诱饵，以击败美国的任何反弹道导弹系统。

美国不受限制地发展可从轰炸机或潜艇上发射的核弹头巡航导弹，苏联面临新的威胁。美国巡航导弹发射后可以低空飞行，其能够在不被苏联现有雷达探测到的情况下进入苏联境内，并能深入苏联境内摧毁发射井中的洲际弹道导弹。

为了保护他们的洲际弹道导弹发射井以及行政和工业部门不受巡航导弹的攻击，苏联科学家在1975年至1980年期间试图开发一种战区防御系统。该防御系统采用一种标准化的多通道地对空导弹——S-300系统。其中，S-300V系统可以保护苏联陆军的地面部队，S-300F系统可以保护海军舰艇，S-300P系统可以保护防空部队。S-300P系统的设备和发射器安装在用电缆连接的移动拖车平台上，其被命名为S-300PT。1980年，使用5V55地对空导弹的S-300PT系统被部署在莫斯科周围，作为A-135系统的补充。S-300PT系统部署一直持续到1985年，后来被升级的SS-300PM所取代。SS-300PM安装在自行式拖车上，几乎可以穿越任何地形，并通过无线电中继器与指挥和控制中心相连。

2005—2006年，俄罗斯空军开始用S-400（北约代号SA-20 Triumf）地对空导弹系统替换S-300P。该系统采用了升级版的48N6DM远程拦截器，可在400公里的射程内摧毁飞机、巡航导弹和中短程弹道导弹。S-400的射程约为S-300P的2.5倍，是美国"爱国者"PAC-3系统的两倍。此外，S-400还将安装射程约为120公里的轻型9M96拦截导弹，用于对付低空飞行目标。据《简氏导弹与火箭》随后的报道，最终俄罗斯35个团全部都将装备这一新系统，用于保护大型人口中心以及军事和工业综合体。

莫斯科一直在向亚洲、欧洲和中东地区积极推销

S-400。此外，俄罗斯还向阿拉伯联合酋长国提供了S-400。还有人猜测，伊朗目前也在寻求获得自己的S-400导弹。一旦S-400完成最终测试并投入生产，它有望成为世界上最抢手的导弹防御系统之一。然而，正如美国的"爱国者"系统在两次海湾战争中证明的那样，美国和俄罗斯的系统仍然存在缺陷，无法保证阻止敌方的巡航导弹或短程导弹。

美国首次部署反弹道导弹

106

1967年9月，陷入困境的约翰逊政府同意部署"细线"Nike-X反弹道导弹系统，但明确表示拟议的反弹道导弹系统无法有效保护美国免受苏联洲际弹道导弹的攻击。拟议中的"哨兵"计划为苏联认真考虑限制或削减反弹道导弹和洲际弹道导弹敞开了大门。实际部署工作由尼克松政府负责。

尼克松就职后不久，于1969年3月14日宣布："经过对所有可选方案的长期研究，我得出的结论是，应该对之前通过的'哨兵'计划进行重大修改。新的反弹道导弹系统将无法为我们的城市提供防御，因为我发现我们没有办法在不造成无法接受的生命损失的情况下充分保卫我们的城市。"因此，1970年，他授权建立新的"保障"系统，以保护蒙大拿州马尔斯特罗姆空军基地和北达科他州大福克斯空军基地的12个"民兵Ⅲ"洲际弹道导弹基地，从而保持可靠的威慑力。

尼克松没有提及"保障"系统的改进。该系统增加了反弹道导弹拦截器的数量，以保护"民兵Ⅲ"洲际弹道导弹基地，并改变了"哨兵"的雷达范围，使其能够覆盖美国本土。基辛格在回忆录中提到，扩大雷达覆盖范围将为未来必要时的洲际弹道导弹基地防御提供"更好的快速扩展基础"（苏联科学家们正确地预料到，被遗漏的雷达覆盖范围数据是"保障"系统计划的一部分）。

由于"保障"系统在技术上的局限性，众议院于1975年10月2日投票决定，在斥资60亿美元的"保障"系统投入使用约四个月后，撤销位于北达科他州大福克斯的单个反弹道导弹基地（而不是原计划中的12个）。采取这一行动是因为人们意识到，"保障"系统的大型相控阵雷达很容易成为苏联导弹的打击目标，此外，当"斯巴达"和"斯普林特"导弹上的核弹头爆炸时，爆炸会使雷达系统失明。

| 1972年《反弹道导弹条约》

1964年，美国军控与裁军署署长威廉·福斯特（William Foster）与苏联驻美国大使阿纳托利·多勃雷宁探讨了就禁止或限制反弹道导弹系统进行谈判的可能性。据多勃雷宁称，莫斯科没有就美国最初的这些建议采取行动，因为政治局成员无法就是否与华盛顿谈判达成一致。1968年8月10日，克里姆林宫最终决定开始讨论限制或消除进攻性和防御性战略武器。不幸的是，8月24日，苏联军队对捷克斯洛伐克进行了军事干预，使这些计划中的会谈被搁置。

　　1969年11月17日在芬兰赫尔辛基（Helsinki）开始的战略武器讨论中，美国代表在正式场合和私下都表达了对弹道导弹防御系统危及当前威慑稳定性的担忧。会谈初期，苏联表示愿意将反弹道导弹的部署限制在"地理和数量上的低限"。面对尚未解决的战略进攻力量问题，双方最终于1971年同意寻求可能单独达成协议。

108　　1971年8月下旬，美国代表哈罗德·布朗（Harold Brown）被要求澄清美国"对'发展'概念和实际应用限制的理解"。在向上级核实后，布朗谨慎地回答说：

　　　　我们所说的"研制"是指武器系统演变过程中的一个阶段，即研究之后（研究包括概念设计和实验室测试活动），全面测试之前。开发阶段虽然经常与研究阶段重叠，但通常与武器系统或其主要部件的一个或多个原型的制造和测试有关。我们认为，从这个意义上说，禁止发展那些禁止试验和部署的系统是完全合乎逻辑和切实可行的。

　　　　不知不觉中，布朗提供了一个定义。这个定义在20世纪80年代被反对罗纳德·里根总统"星

球大战"计划的人用来重新解释 1972 年的《反弹
道导弹条约》。

1971 年秋天，在日内瓦会晤的苏联和美国代表就《反
弹道导弹条约》第五条的基本内容达成一致。该条款规定：
"双方承诺不发展、试验或部署海基、空基、天基或移动陆
基反弹道导弹系统或组件。"固定陆基系统在第二条中被定
义为"用于对抗反弹道导弹或其飞行轨道中的部分系统，
目前包括拦截器、发射器和雷达"。"目前包括"这一短语
表明条约涵盖了所有系统——目前的和未来的。

苏联人对"外星"计划始终保持着好奇。部分原因是，
几个月来美国的军事领导阻止他们的代表提及激光武器。
苏联知道美国的激光武器计划。事实上，美国希望在反导
弹试验中使用自己的大型激光器。最终，苏联的试探——
或许也是他们希望获得有关美国"外星"计划的信息——
促成了一项禁止部署固定式太空反弹道导弹的协议。在
《反弹道导弹条约》的 D 号协议声明中，有一个脚注指出：

> 双方同意，如果将来出现基于其他物理原理
> 的反弹道导弹系统，包括能够替代反弹道导弹拦
> 截导弹、反弹道导弹发射器或反弹道导弹雷达部
> 件，对这种系统及其部件的具体限制将有待讨论
> 和商定。

《反弹道导弹条约》规定：每一方只能有两个反弹道导
弹发射场（后来减少为一个），两地相距不少于 1 300 公里，

以防止重叠。因此，两个获准的反弹道导弹发射场都被限制在特定区域，只能提供有限的覆盖范围。条约明确禁止在全国范围内建立弹道导弹防御系统。1972年5月22日，《反弹道导弹条约》协议条款在莫斯科最终敲定并签署。

里根的"星球大战"提案

经五角大楼国防科学委员会审查之后，白宫于1981年10月得出结论："弹道导弹技术还没有达到'能够防御苏联导弹'的阶段。"罗纳德·里根的传记作者路·坎农（Lou Cannon）认为，这一结论并没有削弱总统"对核启示录的憧憬，以及他根深蒂固的信念，即应该废除能够造成人间地狱的这种武器"。此外，里根在道义上反对美国实施了20年之久的威慑理论——"确保摧毁"。

1983年初，里根总统正在准备一份演讲稿，以支持国防部1984财政年度预算的再次增加，而基层的"核冻结"运动对这一预算提出了质疑。初稿被他否决了，因为它只是重复了以前的理由。里根敦促他的国家安全顾问罗伯特·麦克法兰（Robert C. McFarlane）不要老调重弹，而是要提出一些新的东西来反驳"核冻结"运动的支持者。1982年和1983年1月的民意调查显示：66%的美国人认为里根在推动军备控制方面表现不佳，70%的人支持将冻结核武器生产作为消除所有核弹头的第一步。国会计划于1983年3月底就核冻结问题展开辩论，因为这可能会威胁到军费开支的增加。

参议员马尔科姆·沃洛普（Malcolm Wallop）、退役中将丹尼尔·O. 格雷厄姆（Daniel O. Graham）和加利福尼亚大学劳伦斯–利弗莫尔实验室的物理学家爱德华·泰勒，从1979年到1982年一直在游说五角大楼和国会，要求增加导弹防御项目的资金。他们为核激光器和化学激光器、使用激光器的轨道空间战斗站以及改进型空军航天飞机等概念寻求支持。1981年2月，国防部长卡斯帕·温伯格（Caspar Weinberger）向参议院武装部队委员会表示，美国可能会"在反弹道导弹保护的固定发射井中部署MX"。然而，这些反导系统的倡导者都没有直接参与里根1983年3月演讲的准备工作。

1983年2月11日，里根和参谋长联席会议讨论了五角大楼提出的应对现有战略武器的五个方案。其中一个方案是，海军作战部长詹姆斯·沃特金斯（James Watkins）上将提出的导弹防御系统。他认为，前沿战略弹道导弹防御是将"战斗从我们的海岸和天空移开"。这种战斗对于美国人民来说是"道德的"和可接受的，因为导弹防御系统将在苏联发动攻击后保护美国人，"而不仅仅是为他们复仇"。沃特金斯总结说，制定一项"开发能够抵御导弹攻击的系统"的长期计划似乎是现实的。里根倾向于沃特金斯导弹防御的想法，以此来减轻他对核威慑现实的道德反感。

与此同时，麦克法兰和总统的科学顾问乔治·基沃斯二世（George Keyworth Ⅱ）正在起草里根定于3月23日发表的演讲稿。基沃斯起初反对加入导弹防御计划，但在麦克法兰告诉他加入拟议的导弹防御系统是一项政治决定而非科学决定后，他才勉强收回了反对意见。

根据里根的自传，他在3月22日收到了演讲稿的定稿，当晚"做了大量的改写工作，其中大部分工作是把'官话'改成了'人话'"。演讲稿完成后，他首先用了很长的篇幅说服国会批准大幅度增加1984财政年度经费的计划，以继续美国的军事建设。演讲接近尾声时，里根向听众介绍了最近与参谋长联席会议就导弹防御问题进行讨论的情况。然后，里根指出国家安全以前依赖于核威慑之后，接着继续说道：

112

> 让我与你们分享一个充满希望的未来愿景。那就是，我们开始实施一项计划，以防御性措施来应对苏联可怕的军事威胁。……如果自由的人民能够安心地生活，他们知道自己的安全并不依赖于美国为阻止苏联的攻击而立即实施报复的威胁，知道我们能够在战略弹道导弹到达我们自己或我们盟友的领土之前就将其拦截并摧毁，那又会怎样呢？

他承认这将是一项艰巨的任务，但他建议，鉴于目前的技术前景广阔，现在是开始制造防御盾牌的时候了。

> 我向给美国带来了核武器的科学界呼吁……

再为我们提供让这些武器过时失效的手段吧。今晚，根据《反弹道导弹条约》规定的义务，我迈出了重要的第一步。我正在指导一项全面而深入的工作，以确定一项长期的研发计划，从而开始实现我们消除战略核导弹威胁的最终目标。

1984年1月，总统的提议被正式命名为"战略防御计划"（the Strategic Defense Initiative，SDI），而批评者则称之为"星球大战"。

人们对里根的提议反应不一。美国国防部副部长理查德·德劳尔（Richard Delauer）支持为反弹道导弹研究提供资金，但他反对把这项研究搞成这样一个"半生不熟的政治恶作剧"。在记者的追问下，伊利诺伊州的少数党党鞭罗伯特·米歇尔（Robert Michel）说，这次演讲可能"有点矫枉过正"。演讲结束后，《时代》杂志的头条新闻认为，里根的提议代表了"电子游戏的愿景"，封面上里根的背景是太空武器，就像巴克·罗杰斯（Buck Rogers）关于25世纪的连环画。然而，不到一周，里根导弹防御提案的热度就销声匿迹了，因为它不再被认为具有新闻价值。公众的注意力转移到了更直接的问题上。事实上，在1984年的竞选活动中，尽管民主党候选人沃尔特·蒙代尔（Walter Mondale）谴责导弹防御是一个危险的骗局，会让美国纳税人损失数十亿美元，它加速了军备竞赛，却无法为美国人民提供真正的保护，但里根却只字未提导弹防御。

美国国防部认真对待了SDI提议，于1983年春成立了

113

两个专家小组——弗莱彻小组和霍夫曼小组——以审视可能的导弹防御系统。美国国家航空和航天局前局长詹姆斯·C.弗莱彻（James C. Fletcher），被要求领导一个由65名成员组成的小组（其中53人在SDI研究中拥有直接经济利益）规划导弹防御系统。1984年初，该小组建议加快SDI的所有研究工作，以便在20世纪90年代初就部署导弹防御系统能作出决定。

弗莱彻小组提出了分层拦截导弹防御系统。第一层为SDI传感器，其能够探测离开发射井的洲际弹道导弹，并立即发射导弹拦截器攻击处于助推阶段的敌方导弹。第二层拦截器将设法在助推后或在"总线"部署阶段摧毁敌方弹头。第三层拦截器将在敌方弹头进入大气层之前的中段阶段寻找任何敌方部署的弹头。最后，第四层拦截器将在末端阶段从诱饵和碎片中找出幸存的弹头并将其摧毁。

在3~5分钟的短暂初始助推阶段摧毁敌方洲际弹道导弹，是减少来袭弹头数量的最佳机会。助推阶段结束后，"总线"将继续携带弹头和诱饵。后助推阶段需要6~10分钟才能到达距地球约1 200公里的远地点。在此期间，第二层拦截器将试图找到并摧毁"总线"。这是拦截核弹头的下一个最佳时机。因为在最高点，"总线"可以调整其轨道，并释放多达10枚核弹头和无数的诱饵，所有这些都将开始向地球上选定的目标下降。

导弹防御的第三层是在"总线"释放弹头和诱饵之后，这些物体重新进入地球大气层之前的中段阶段发挥作用。这一层为导弹防御系统提供了最充裕的时间（可能长达20

114

分钟）来定位和摧毁正在飞向目标的来袭弹头。然而，美国拦截器可能会将诱饵和太空碎片误认为是敌方弹头而偏离目标。

当弹头和诱饵重新进入距离地球约100公里的大气层时，导弹防御的最后阶段就开始了。在这一阶段，拦截器只有几十秒的时间在弹头到达目标之前将其击中。导弹防御在这一阶段的一个优势是，弹头的表皮会因摩擦而发热，而诱饵（估计重量较轻）则会在与弹头分离后冷却下来。

具备部署资格的弹道导弹防御系统应该有效完成三项任务。首先，系统必须能够探测和识别敌方目标，即区分洲际弹道导弹助推火箭、弹头、诱饵和碎片。其次，系统的跟踪装置必须能够定位和绘制目标的轨迹，以便引导拦截导弹飞向目标。最后，防御系统必须能够评估防御武器造成的破坏，以确保摧毁助推火箭、"总线"或弹头。这是必要的，这样防御者才能决定是否有必要发射更多的拦截导弹。

115

很显然，这样一个全面的弹道导弹防御系统对科学家和技术人员来说是一个非常艰巨的挑战（图7）。他们需要进行必要的研究，以开发和测试该系统的复杂部件。这也要求国防部大幅增加预算——远远超过里根政府最初提出的预算。

与此同时，军备谈判代表兼外交官保罗·尼采提出了一个由三部分组成的公式。任何SDI系统在考虑部署之前都必须满足这个公式。众所周知的"尼采标准"指出，反导弹系统应该：一是有效；二是能够抵御直接攻击；三是在边际上具有成本效益，即增加的防御成本要低于对手增加進攻的成本。尼采的公式于1985年5月30日被采纳为第172号国家安全指令。这让五角大楼的一些人很担心强调成本效益会从根本上扼杀该计划。罗伯特·麦克纳马拉等人则怀疑里根政府是否打算遵行成本部分的标准。

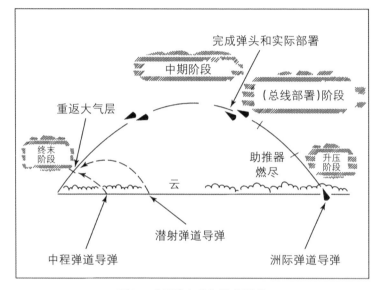

图7　"星球大战"防御系统

与此同时，由弗雷德·霍夫曼（Fred S. Hoffman）担任主席的未来安全战略研究小组也对国家的战略防御进行了评估。该小组的24名成员中有17名是未来的SDI承包商。1984年初，霍夫曼研究报告对SDI的时间框架做出了更为现实的评估。霍夫曼的研究小组并不认为有可能会于20世纪90年代初部署反弹道导弹，而是得出结论认为，完美的防御可能"需要很长的时间，而且可能在实际意义上无法抵御苏联的反防御努力"。

十多年来，对《反弹道导弹条约》的传统解释被认为是，禁止开发和试验基于外空的反弹道导弹系统。但在1985年10月，尼采说服国务卿乔治·舒尔茨（George Sohultz）接受了对1972年的《反弹道导弹条约》的"广义"解释——允许研发太空武器。其他政府强硬派希望废除《反弹道导弹条约》，转而寻求更"广义"的解释——允许进行太空武器试验。

10月6日，国家安全顾问罗伯特·麦克法兰告诉美国全国广播公司的《会见新闻界》节目，1972年的《反弹道导弹条约》允许开发和研究涉及"新物理概念"的导弹防御系统。他还辩称，该条约允许测试太空系统和技术——据猜测有激光和粒子束。

117

美国国务院法律顾问亚伯拉罕·D. 索法尔（Abraham D. Sofaer）认为：《反弹道导弹条约》的条款措辞含糊不清，参议院的批准记录支持更广义的解释。他还在没有提供任何证据的情况下声称，苏联从未接受禁止移动式反弹道导弹系统或高新技术的禁令。（索法尔最终不得不承认批准记录并不支持广义解释，并将错误归咎于他的员工——"年轻的"律师们）

政府扩大1972年《反弹道导弹条约》解释范围的努力引发了行政与立法之间的重大分歧。参议员萨姆·纳恩（Sam Nunn）警告总统说，任何违反条约传统解释的行为都将引起"一场深刻的宪法对抗"。他发起了一系列关于重新解释条约的研究，得出的结论是：索法尔的法律推理存在

"严重错误"。在参议员卡尔·莱文（Carl Levin）的支持下，纳恩对国防授权法案提出了一项修正案，禁止任何挑战《反弹道导弹条约》禁令传统解释的SDI试验。经过激烈的党派辩论和共和党长时间的"拉布"，纳恩·莱文修正案的修改版于1987年年底获得通过。

共和党在1994年赢得了众议院和参议院两院的控制权，并将胜利归功于他们的"美利坚契约"（下文简称"契约"）。该"契约"除其他问题外，还反映出对全国导弹防御的承诺已深深融入该党的政治意识形态中。"契约"呼吁尽早部署"具有成本效益、可操作的反弹道导弹防御系统"，以保护美国"免受弹道导弹威胁……"此外，"契约"还坚持认为，"《反弹道导弹条约》是冷战时期的遗留物，不能满足美国未来的防御需求。……从道义上讲，美国必须扩大战略防御，克林顿政府不能屈服于俄罗斯的要求，让美国人在潜在的核威胁面前毫无防备……"在随后的几年中，共和党议员试图授权部署国家导弹防御系统，但未获成功。

1996年11月，共和党任命了一个独立委员会来"评估弹道导弹威胁"。在未来国防部长唐纳德·拉姆斯菲尔德（Donald Rumsfeld）的领导下，拉姆斯菲尔德委员会的解密执行摘要强调："装备了弹道导弹的新国家……将能够在获得这种能力的大约五年内对美国造成重大破坏。"委员会认为朝鲜和伊朗正在发展大规模杀伤性武器，据称这两个国家"甚至现在都在追求先进的弹道导弹能力……"

美国国务院情报与研究局前官员格雷格·蒂尔曼（Greg Thielmann）发现，拉姆斯菲尔德对弹道导弹的看法往往忽视了情报专业人士经过深思熟虑的观点，而倾向于极不可能发生的最坏情况，认为美国面临迫在眉睫的威胁，并促使美国做出军事而非外交反应。这并不奇怪！

`

乔治·W. 布什与反弹道导弹部署

乔治·W. 布什在2001年1月就任总统后不久，就开始履行其竞选承诺，积极寻求建立国家导弹防御系统。2001年9月11日恐怖袭击后，布什坚持认为导弹防御系统对美国的安全是必要的。为了消除对导弹防御系统研究、开发和试验的一切限制，他于2001年12月13日宣布，美国已按规定提前六个月通知莫斯科，表示打算退出1972年的《反弹道导弹条约》。

一年后，即2002年12月，布什总统指示国防部部署战略导弹防御系统的初始要素。规模不大的部署包括20个地基中段导弹防御拦截器和20个海基宙斯盾弹道导弹防御拦截器，其分别部署在三艘舰艇上。此外，还包括数量不详的爱国者PAC-3导弹和经过升级的雷达系统，以帮助确定潜在目标的位置。PAC-3导弹和海基拦截器旨在防御中短程弹道导弹。只有20枚GMD拦截器——16枚将部署在阿拉斯加，4枚位于范登堡空军基地——是为防御远程弹道导弹而设计的。消息灵通的观察家们完全明白，GMD初级拦截火箭的拦截试验是精心编排的，挑战性不大，即使是"成功的"拦截试验也与真实世界的条件不符。可靠的反弹道导弹系统似乎仍需时日。

进一步的考虑

120　　在剩余的几个有争议的考虑因素中，有三个问题值得进一步评论：一是，导弹防御系统是否能提供针对敌对国家和恐怖分子的最佳防御？二是，推动部署决定的政治党派纷争是否已将其视为一种基于信仰的承诺？三是，导弹防御系统的成本是多少？

早期两国导弹计划部分清单

项目	时间/年	研究和目标
美国导弹防御系统		
巨人	1944	陆军研究寻求对 V-2 型火箭的防护，由此产生了 BAMBI（弹道导弹助推拦截器），并于 1961 年投入使用。
奈基	1945	陆军启动防空研究
地对空导弹	1947	空军寻求地对空无人驾驶飞机，1949年集成，用于打击和杀伤弹道导弹

项目	时间/年	研究和目标
大黄蜂	1947	海军寻找地对空导弹，最终研发"塔洛斯"导弹
奈基-阿贾克斯	1953	陆军防空导弹
奈基-大力神	1954	陆军防空系统
巫师	1955	空军反弹道导弹，最终转向进攻性导弹
奈基-宙斯	1956	陆军反弹道导弹系统，将雷达与拦截火箭连接起来
黄铜骑士	1958	最终成为"北极星"潜射弹道导弹
胜利女神-宙斯	1960	军队敦促部署以保护军事基地，最终研究出奈基-X
奈基-X	1963	系统增加了多阵列雷达和核反弹道导弹
哨兵系统	1968	被指定为"哨兵"的奈基-X将在全国范围内部署
哨兵系统	1969	被部署在北达科他州和蒙大拿州的洲际弹道导弹发射井
卫兵系统	1975	卫兵系统开始运作
卫兵系统	1976	国会下令关闭卫兵系统

苏联城市防空系统

莫斯科

项目	时间/年	研究和目标
A-25	1953	反轰炸机防御使用 V-300 地对空导弹
A-35	1958	计划到 1967 年使用 V-1000 导弹，抵御洲际弹道导弹的袭击
	1962	S-350 拦截器增加了在大气层外运行的功能，但无法对抗 MIRV
	1967	由于测试效果不佳，"银河战舰"的研制工作已经停止，依靠"图-126"战斗机的"阿尔丹"系统来保卫。
	1975	升级针对 MIRV 的 A-350 拦截器

项目	时间/年	研究和目标
A-135	1978	系统逐步升级
	1980	5V55 为防空部队提供保护
	1992	取代 A-35
列宁格勒		
	1961	使用 S-500 拦截弹和单级防空导弹发射器，1963 年放弃
	1963	S-200"甘蒙"拦截器，配备两级"萨母"发射器
	1970	S-200V"伏尔加"增加了航程并增加了反弹道导弹能力
	1974	S-2S-00D"织女星"是 S-200V 的升级版，在修订后的 1972 年《反弹道导弹条约》限制每一方只能拥有一个场址后被放弃。

122

　　大多数美国人都认为，拥有有效的导弹防御系统是可取的。然而，许多怀疑论者担心，以巨额费用仓促贸然部署未经证实的系统，可能远远达不到预期的防御效果。一些分析家认为，鉴于美国拥有庞大的核武库和全球运载能力，任何国家都不会允许从其领土上发射弹道导弹，因为这种敌对行动会导致美国立即进行报复并摧毁攻击国。

　　这些专家认为，美国更有可能面临的威胁是，外国恐怖分子如果选择使用大规模杀伤性武器，他们会使用船只或卡车将这些武器运到美国本土，而不是使用远程弹道导弹，因为远程弹道导弹的制造、部署和发射都很复杂，对精度的要求也很高。用一位评论家的话说，美国最大的威胁不是来自敌对国家，而是来自无国籍的流氓。

　　自里根总统发表SDI演说以来，关于立即部署导弹防御系统的激烈辩论和要求可追溯到国内的政治环境。所谓的"保守派"共和党人越来越坚定地表示要终止1972年的《反弹道导弹条约》并部署反导系统。这种近乎神学的承诺出现在共和党的官方文件中，几乎没有妥协的余地。此外，共和党人对部署工作既不关注经过时间验证的武器系统研发程序，也不关注反导弹系统的各种技术缺陷、财政成本和其对更广泛外交政策的影响。

　　第三个考虑因素是，过去的研发活动已经耗费了1 200多亿美元，如果决定部署未经证实的技术，成本将继续增加。导弹防御局（the Missile Defense Agency，MDA）局长罗纳德·卡迪什（Ronald Kadish）将军表明，政府对许多人担心的过早部署导弹的成本并不关心，因为他建议"测试，修复，测试，修复，测试，修复"。虽然这是试验阶段的常规流程，但一旦"作战部队"投入实战，成本就会变得更高。

　　美国审计总署（the General Accounting Office，GAO）在其2003年6月的报告中，质疑五角大楼推动部署有限导弹防御系统的做法是否明智。因为它忽视了开发武器系统的成熟方法，采用了"测试、修复"政策。因此，美国政府问责局警告称，政府正在冒着部署昂贵而无效的反导弹系统的风险。

　　据MDA估计，部署工作可能需要额外花费500亿美元。不过，美国政府问责局强调，这一数字仅涉及研发费用，不包括生产、运行和维护的费用。而五角大楼早些时候的预算数字估计可能需要再增加近 1 500 亿美元。美国政府问责局敦促五角大楼考虑对导弹防御费用进行全面估算，并应开始为这些开支编制预算。如果不这样做，国防部可能会被迫从其他武器计划中转移资金，以支付建造和部署导弹防御系统的费用。

预测分层导弹防御系统的成本相当令人生畏。然而，"经济学家裁减军备联盟"计算经费时发现，五角大楼对布什政府项目各阶段所有要素的预算加在一起，如果再考虑这些系统运行20年的成本，总费用将高达1万亿美元，甚至是1.5万亿美元。在全球战略核环境瞬息万变的今天，这些可能还远远不够。

第七章

后冷战时代

当乔治·H. W. 布什于1989年1月就任总统时，人们普遍预期他会加快由罗纳德·里根和米哈伊尔·戈尔巴乔夫启动的军备限制进程。显然，事实并非如此。由于布什认为，里根向戈尔巴乔夫做出了太多让步，他和他的国家安全顾问布伦特·斯考克罗夫特（Brent Scowcroft）放缓了美苏谈判的步伐，强调在与克里姆林宫打交道时仍需保持警惕和实力。无论是新总统还是他的许多高级顾问，都没有真正相信冷战已经结束。

布什和国务卿詹姆斯·贝克（James Baker）认为，过去的总统都会因行动过快而陷入困境，因此，在与莫斯科展开正式讨论之前，最好先扎实掌握苏美关系的现状。斯考克罗夫特甚至更加谨慎，他在1月份向美国建议，西方应该保持警惕，因为戈尔巴乔夫很可能试图让西方陷入虚假的安全感。

如果说新政府上台后打算在美苏关系上谨慎行事，那么事态的发展很快就让布什和戈尔巴乔夫走到了一起。

1989年的最后几个月，苏联开始解体，华盛顿的主要官员开始重新考虑他们对莫斯科的态度。经过数周的暂时搁置，1989年12月初，布什与戈尔巴乔夫一起前往马耳他参加峰会，他意识到要想成功实现西方的目标，必须依靠戈尔巴乔夫。在会晤期间，布什和戈尔巴乔夫确定了一项雄心勃勃的合作计划，以便在有待采取的重大军备控制措施方面和1990年春末的华盛顿首脑会议上迅速取得进展。

戈尔巴乔夫于1990年5月30日抵达华盛顿。他在国内深陷困境，但决心维持自己自信、热情和权威的形象。他和布什签署了二十年前商定的核试验核查议定书——《阈值禁试条约》（the Threshold Test Ban Treaty，1974年）和《和平核爆炸条约》（Peaceful Nuclear Explosions Treaty，1976年）——并最终批准履行这两项条约。但布什不愿考虑全面禁止核试验。事实上，他在1月的早些时候就发表了一份政策声明，称他的政府"没有发现任何符合美国国家安全利益的进一步限制核试验的措施……"尽管如此，两位领导人还是在其他问题的讨论上取得了进展，建立了一个未来削减军备的框架——1990年11月的《欧洲常规武装力量条约》（the Treaty on Conventional Forces in Europe，CFE）和1991年8月的《削减战略武器条约》。

1989至1990年间加快的谈判——欧洲常规武装力量谈判已蹒跚前行了近二十年——最终解决了大部分主要分歧，并达成了几年前几乎无法想象的《欧洲常规武装力量条约》。法国加入了谈判，戈尔巴乔夫单方面从前沿地区撤出了部队和装备，华沙条约组织解体，统一后的德国同意限制出兵。布什于1990年11月19日在巴黎签署了《欧洲常规武装力量条约》，对驻扎在欧洲的从大西洋到乌拉尔山脉的坦克、大炮、装甲战车、飞机、直升机和军事人员进行了限制。在军备控制史上，该条约的签订无疑是最令人瞩目的成就。在《欧洲常规武装力量条约》签署之前，苏联军队已经承诺分别于1991年从匈牙利和捷克斯洛伐克、1994年从德国东部地区全面撤军。在最初参与《欧洲常规武装力量条约》谈判的23个国家中，有一个国家——德意志民主共和国——已经不复存在，另外五个国家已经更改了国名。这清楚地表明它们从苏联独立出来了。随着华沙条约组织的消失，一位参加《欧洲常规武装力量条约》谈判的美国代表后来声称，该条约"结束了冷战"，因为欧洲现在真正处于和平之中了。

布什-戈尔巴乔夫：
《第一阶段削减战略武器条约》(START I)

1989年1月，新上任的布什政府发现《削减战略武器条约》的基本框架在很大程度上已由上届政府拟定。然而，由于里根政府机构之间就技术问题争论不休，一些细节问题尚未解决，拟议中的条约仍处于休眠状态。一个主要的绊脚石集中在"去MIRV化"问题上——如何减少放置在一枚洲际导弹上的弹头数量。有了新一代洲际弹道导弹，这一点很容易实现，因为对彼此新洲际弹道导弹和部署情况进行监测，就能确定每枚导弹上经过验证的MIRV数量。华盛顿最初于1987年提出了一种更廉价、更快速地"去MIRV化"的方法，即从现有洲际弹道导弹上"下载"或移除弹头。这将使美国能够拆除民兵Ⅲ型导弹上三个弹头中的两个，从而达到《削减战略武器条约》的限制要求。

另一个主要障碍是，如何核实海上发射巡航导弹（sea-launched cruise missiles，SLCM）是否实际搭载在军舰上。美国海军军官对苏联检查人员窥探其最新核潜艇的想法大为不满。撇开里根经常重复的那句俄罗斯谚语"信任但要核实"不谈，美国最终提议双方"申报"各自计划部署的海上发射巡航弹数量。由于对这一解决方案不满意，莫斯科进行了历史性的角色转变，要求美国采取侵入式核查系统。这一要求令五角大楼的官员和美国情报机构感到不安，他们一想到苏联检查人员会在美国国防工厂和其他设备中徘徊就感到愤怒。

1991年7月31日，布什总统和戈尔巴乔夫总统在莫斯科签署了一份长达750页的详细的《第一阶段削减战略武器条约》。美国人最终在"下载"问题上作出让步，条件是苏联的弹头总数不得超过1 250枚，但在最后一刻，坚持要求苏联在11 000公里处测试其三级SS-25型导弹，以确保它不携带3枚弹头。《第一阶段削减战略武器条约》规定，到2001年12月5日，每一方只能部署1 600枚弹道导弹和远程轰炸机，携带6 000枚"有效"①的弹头，并规定了进一步的限额——已部署的弹道导弹上携带的核弹头不得超过4 900枚，包括已部署的机动洲际弹道导弹系统上携带的核弹头不得超过1 100枚以及"有效"的轰炸机武器不得超过1 100枚。这是第一份要求双方大幅削减战略武库的协议，因为弹道导弹上携带的核弹头约有25%～35%将被销毁。此外，《第一阶段削减战略武器条约》被纳入早先《中程导弹条约》的核查系统，该系统可提供遥测数据并允许现场视察。美国和俄罗斯于2001年12月4日完成了《第一阶段削减战略武器条约》约定的削减数量，并等待白俄罗斯、哈萨克斯坦和乌克兰向俄罗斯移交其境内苏联时期的战略核武器。

布什-叶利钦：
《第二阶段削减战略武器条约》（START Ⅱ）

在1992年1月28日的国情咨文演讲中，布什宣布美国将单方面取消单弹头"侏儒"导弹的进一步研制工作，并将其轰炸机舰队中的大量轰炸机转用于常规用途。此外，他还呼吁签署《第二阶段削减战略武器条约》，以进一步减少美国和俄罗斯的弹头数量，特别是，如果他提出的

———————————
① 译者注：指轰炸机及其导弹按一定标准折算。

"去MIRV化"倡议被接受的话。与此同时，俄罗斯新任总统叶利钦（Yeltsin）提议进一步削减弹头，将弹头数量减少到2 000～2 500枚。他在给布什的信中谴责所有MIRV是"威胁稳定的罪恶之源"。华盛顿认为他的提议从根本上影响了其传统的"三位一体"战略。

　　阻碍这一进程的一个主要问题是白俄罗斯、哈萨克斯坦和乌克兰归还了苏联时期的战略核武器，但1992年5月23日签署的《里斯本议定书》解决了这一问题。该议定书建立了由白俄罗斯、哈萨克斯坦、俄罗斯、乌克兰和美国五个国家组成的第一阶段裁武会谈机制，要求将所有苏联时期的战略核武器归还给俄罗斯。这个问题解决后，关于《第二阶段削减战略武器条约》的正式谈判开始了。莫斯科要求大幅削减核武器，而华盛顿国防部却拒绝接受2 500枚弹头的限制。作为让步，俄罗斯方面提议双方分阶段削减，第一步从4 500～4700枚不等，随后到2005年降至2 500枚。

　　1992年6月在华盛顿举行的为期两天的会议上，叶利钦提出了完成《第二阶段削减战略武器条约》的解决方法。他建议使用一个期限，而不是试图使用一个数字上限：在第一阶段，双方将各拥有3 800～4 250枚弹头；在第二阶段，数量将缩小到3 000～3 500枚。出于经济原因，俄罗斯对此表示满意，而五角大楼则对其兵力结构表示满意。叶利钦认识到，根据国务卿贝克的说法，"在核武器领域，当双方都拥有三千多枚弹头时，几百枚弹头的优势并不那么重要"。布什对此表示赞同。第一阶段将持续到2000年；第二阶段是在三年后将弹头限制在3 000～3 500枚。在商定条约的最后细节时，有人提出布什是否应该继续这一进程和签署新的《第二阶段削减战略武器条约》，因为比尔·克林顿已经当选为他的继任者。一位高级顾问后来报告说，人们担心俄罗斯会简单地接受我们提出的任何让步，然后推迟到1月20日之后，再换一个新的团队重新开始。布什总统决定在卸任前达成条约。

　　1993年1月3日，布什总统和叶利钦总统签署了《第二阶段削减战略武器条约》。由于该条约在定义、程序和核查方面严重依赖于《第一阶段削减战略武器条约》，因此在《第一阶段削减战略武器条约》的批准程序于1994年完成之前，《第二阶段削减战略武器条约》无法生效。随后，美国和俄罗斯分别于1996年1月26日和2000年4月14日批准了《第二阶段削减战略武器条约》。在1997年3月的赫尔辛基首脑会议上，比尔·克林顿总统和鲍里斯·叶利钦总统同意将最终削减的时间延长至2007年。然而，《第二阶段削减战略武器条约》并未生效。因为美国政府未能批准比尔·克林顿总统和鲍里斯·叶利钦总统于1997年9月签署的"协议声明"，而俄罗斯新任总统弗拉基米尔·普京（Vladimir Putin）则在2000年5月批准了这一"协议声明"。随后，俄罗斯于2002年6月14日，即乔治·H.W.布什总统单方面废除《反弹道导弹条约》的第二天，废除了《第二阶段削减战略武器条约》。

│ 召回战术核武器

冷战期间部署了数以万计的战术核武器，然而，美国和苏联（俄罗斯）领导人开始了收回其中许多武器的进程。乔治·H. W. 布什总统在冷战即将结束的1991年9月发起了互惠的单边承诺——"总统核倡议"（Presidential Nuclear Initiatives，PNI），其成功地将核炮弹等"战场"核武器从国外部署中撤出。华盛顿非常担心随着华沙条约组织的解体，莫斯科能否继续控制其战术核武器，因此希望克里姆林宫领导人也能效仿。布什在9月27日的声明中明确承诺"撤出所有部署在海外的地面发射短程武器，并将其与美国现有的同类武器库存一起销毁，同时在正常情况下，停止在水面舰艇、攻击潜艇和陆基上部署战术核武器"。这份声明隐含的意思是，美国保留在危机中重新部署这些武器的权利。

一个月后，苏联总统米哈伊尔·戈尔巴乔夫以自己的单方面对等措施作为回应。10月5日，戈尔巴乔夫承诺：销毁所有核火炮弹药、战术导弹核弹头和核地雷；拆除水面舰艇和多用途潜艇上的所有战术核武器（这些武器将与分配给陆基舰载机的所有核军备一起存放在中央储存库）；将防空导弹上的核弹头分离出来，并将一部分弹头存放在中央储存库，一部分弹头销毁。随后，1992年1月29日，俄罗斯当选总统鲍里斯−叶利钦同意遵守戈尔巴乔夫的承诺，并宣布俄罗斯将进一步销毁三分之一的海基战术核武器和一半的地对空核导弹弹头，同时将机载战术核武器库存减半。在美国采取对等行动之前，这部分库存的另一半将停止使用，放置在中央储存库中。

1991年7月31日的《里斯本议定书》承认，苏联的四个加盟共和国为指定的继承国，这些国家承诺遵守先前的各项军控条约，如《第一阶段削减战略武器条约》。之所以如此紧急，是因为这些加盟共和国拥有苏联的部分战略核武器，而且这些地区受到可能爆发内战的威胁。然而，当时并未提及谁控制着较小的战术核武器，尽管这些武器比战略武器数量更多，分布更广。

各共和国很快明白，他们不能将这些武器留在自己的武库中，因为试图夺取核武器控制权将为俄罗斯提供入侵的借口。毫无疑问，华盛顿希望核武器控制权仍在莫斯科手中，并利用其影响力鼓励新国家允许俄罗斯撤回战术核武器。因此，莫斯科启动了一项"迅速且秘密"的计划，即在1992年5月之前撤出所有核武器——仅乌克兰就撤出了约3 000件战术核武器。自20世纪90年代初以来，消除战术核武器的计划一直处于停滞状态，这主要是因为美国的库存量较小，而俄罗斯的库存量则大得多。

冷战期间，美国向海外部署了约5 000件战术核武器，其中大部分分配给了北约。1992年底，美国完成了承诺的削减和撤出。一年后，美国销毁了近3 000件战术核武器。苏联（俄罗斯）的核武器库存数量被认为在12 000～21 700件。然而，要确定美国和苏联（俄罗斯）是否履行了其PNI义务，无论在当时还是现在都很困难，因为这些武器的组成、规模和位置都不明确。在确认苏联的四个加盟共和国已归还所有苏联时期的战术核武器后，莫斯科于2005年5月宣布，这些武器"目前只部署在本国境内，并集中在国防部的中央储存库中"。

要对美国和俄罗斯的战术核武器储备进行精确评估十分困难，因为目前的说法大相径庭。事实上，有一种说法称，美国–北约部队在欧洲保留了数百枚战术核武器，而俄罗斯武库中的数量要更多。据估计，美国保留了近1 100枚战术核弹头，其中约480枚是核重力炸弹，储存在比利时、德国、意大利、荷兰、土耳其和英国。俄罗斯估计储存了3 000～6 000枚非战略核武器。虽然俄罗斯反对在欧洲储存重力核弹，美国也对缺乏俄罗斯在战术核武库方面的信息表示遗憾，但自20世纪90年代初以来，两国并未认真寻求通过谈判进一步削减战术核武器。

另一个混淆视听的因素是，许多战术核武器实际上是两用武器系统，可以安装不同类型的弹头，包括核弹头、高爆常规弹头、生物弹头或化学弹头。冷战期间，这些无特殊弹头的运载工具广泛扩散，留下了两用运载工具广泛散布于世界各地的"复杂遗产"。近年来，短程两用火箭和导弹恰恰被苏联扩散到了扩散威胁最大的地区。美国开发的各种军民两用系统广泛散布于西欧，特别是以色列。其中一些国家对最初的设计加以改进，制造出新一代导弹。因此，在21世纪，拥有并可能在地区冲突中使用战术或短程核武器仍然是一个问题。

北约的持续争议

2010年，当北约国防部长和外交部长开会审查联盟的"战略概念"草案时，几位分析家呼吁应对他们认为过时的核政策进行全面审查。奥利弗·迈尔（Oliver Meier）和保罗·英格拉姆（Paul Ingram）在10月份的《今日军控》（*Arms Control Today*）杂志上报告说，北约28个成员国对核武器在联盟防务政策中的未来作用存在分歧，并敦促重新考虑"战略概念"。随后，在一次讨论"军备控制的下一步"的会议上，迈尔指出，北约对"战略概念"的审查应在奥巴马（Obama）总统的全球零核政策背景下进行，因为该政策得到了欧洲议会和公众的广泛支持。他遗憾地指出，北约目前的政策"仍以冷战时期的理论为基础，即短程核武器可用来打败常规的苏联优势部队"。

如果说一些欧洲国家的政府，包括美国战术核武器五个储存国中的至少三个，希望撤出这些武器，那么几个中欧国家和土耳其的保留意见则与这些武器的军事价值无关，而是与美国和北约的安全保证的可信度有关。他们的担忧主要集中在，俄罗斯在其与北约国家的边界附近部署战术核武器，并强调核战备状态，更不用说莫斯科摈弃了其长期坚持的"不首先使用"核武器的原则——这也承认了俄罗斯常规武库已经被削弱。

合作减少威胁计划

138 　　1992年，苏联的突然解体和随之而来的混乱导致了美国的"合作减少威胁计划"（Cooperative Threat Reduction，CTR）。该计划通常以其发起人参议员萨姆·纳恩（Sam Nunn）和理查德·卢格（Richard Lugar）的名字命名，其被称为"纳恩–卢格计划"。1992年11月12日颁布的《纳恩–卢格立法法案》向独立国家联合体（尤其是俄罗斯）提供了美国财政援助，以确保苏联时期的核武库保管安全。后来，该计划又增加了销毁苏联时期化学武器的援助。这项为期10年、耗资40亿美元的计划旨在：

　　　　– 销毁核武器、化学武器和其他武器；
　　　　– 运输、储存、禁用和保护与销毁武器有关的武器；
　　　　– 建立可核查的保障措施，防止此类武器扩散。

这是很划算的，或者正如最初预算的支持者所指出的那样，该计划每年约4亿美元的成本还不到美国人每年花费在猫粮上的一半。

二十年的"合作减少威胁计划"工作取得了许多成就：7 519枚核弹头被拆除；销毁了768枚洲际弹道导弹、498个洲际弹道导弹发射井、148个移动式洲际弹道导弹发射器、651枚潜射弹道导弹、476个潜射弹道导弹发射器、32艘具备弹道导弹发射能力的潜艇、155架战略轰炸机、906枚空对地导弹以及194个核试验隧道；对核武器储存地进行了24次安全升级；469辆装载核武器的火车被转移到更加安全的集中储存地。该计划从拆除的弹头中提取了500吨高浓缩铀，并帮助乌克兰、哈萨克斯坦和白俄罗斯清除了所有核武器——这些国家曾拥有世界第三、第四和第八大核武库，此外，还建立了19个生物制剂监测站。

全球减少威胁倡议

发起于2004年5月的"全球减少威胁倡议"（Global Threat Reduction Initiative，GTRI）是一项合作计划，旨在确保分散在世界各地的大量危险核材料的安全。"合作减少威胁计划"重点是苏联时期的核武器材料，而"全球减少威胁倡议"则是一项补充计划,涉及从和平利用设施"遣返核燃料或以其他方式确保核燃料的安全",并将这些设施转换为"使用新的、更具防扩散能力的技术"。由于"原子和平"、国际原子能机构和《核不扩散条约》等努力协助无核武器国家获得和平核技术,因此有必要设立全球热核试验研究所。"全球减少威胁倡议"汇集了能源部现有的几个计划,试图确保可用于制造原始核武器的高浓缩铀(highly-enriched uranium,HEU)的安全。除了提高高浓缩铀的安全性,该计划还试图将反应堆转换为使用不能用于制造炸弹的低浓缩铀(low-enriched uranium,LEU)燃料。一项确保将高浓缩铀制成医用核同位素的成功方案,降低了恐怖分子将其用于放射性炸弹或"脏弹"的可能性。因此,全球研究与培训机构报告说,它"在全世界保护了960多个放射性场所,其中有2 000多万居里,足以制造数千枚'脏弹'","从哈萨克斯坦的一个反应堆中清除了可制造120多枚核弹的高浓缩铀和钚,保护了可制造775枚核弹的高浓缩铀和钚"。自2004年以来,已有22座研究反应堆转为使用低浓缩铀燃料,另有12座高浓缩铀研究反应堆被关闭。为使高浓缩铀燃料回归其原产地,许多国际合作伙伴(包括澳大利亚、德国、奥地利、希腊、日本、阿根廷、瑞典、葡萄牙、罗马尼亚和荷兰)向俄罗斯运送了35批超过1 490千克的俄罗斯原产高浓缩铀,向美国运送了超过320千克的美国原产高浓缩铀。

削减进攻性战略武器条约

乔治 H. W. 布什政府经常表现出对传统军控条约的厌恶。退出《反弹道导弹条约》，持续对《全面禁止核试验条约》缺乏兴趣，保留核优先使用政策以及对核武器的依赖都清楚地表明了这一点。

"9·11"事件发生后，国防部长唐纳德·拉姆斯菲尔德的五角大楼核战略家的角色开始占据主导地位。例如，1412002年初政府的秘密《核态势评估报告》，指示五角大楼起草针对至少七个国家使用核武器的应急计划，其中不仅包括俄罗斯和伊拉克、伊朗和朝鲜，还包括中国、利比亚和叙利亚。这反映了美国在削减核武库和防止大规模杀伤性武器扩散的外交目标与为不可想象的情况做好准备的军事必要性之间的不一致性。

乔治 H. W. 布什入主白宫时曾发誓要削减美国的核武器，正如他于2000年5月23日在国家新闻俱乐部所说的那样，"在符合国家安全的前提下将核武器数量降到最低"。布什最初试图通过单边声明和握手①来实施进攻性战略武器

① 译者注：指一些非正式的会谈。

的削减计划，但俄罗斯总统弗拉基米尔·普京坚持要求作出更正式的安排。普京希望规定的削减能提供一种均等感和可预测性，并减少开支，而这些可以通过将双方的弹头数量减少到 1 500 枚来实现。新政府对正式的武器控制条约的反感，加上对单边行动的热衷，促成布什总统和普京总统于 2002 年 5 月 24 日在莫斯科签署了《削减进攻性战略武器条约》（The Strategic Offensive Reductions Treaty，SORT）。该条约于 2003 年 6 月 1 日生效。然而，这份简短的条约更多地侧重于对冷战早期签署的条约的传统限制，而不是针对《第一阶段削减战略武器条约》。《削减战略武器条约》忽视了克林顿总统和叶利钦总统达成的作为《第三阶段削减战略武器条约》的原则协议，该条约规定将两国的战略核武库中的弹头分别削减到 2 000～2 500 枚弹头，同时要求大幅削减运载工具。

142

虽然在《削减战略武器条约》中，美国和俄罗斯都同意在 2012 年底条约到期时部署不超过 1 700～2 200 枚战略弹头，但该条约并未限制允许保留的运载工具的数量，只要双方都不超过《第一阶段削减战略武器条约》的限制即可。条约也没有要求销毁运载工具或商定具体的计算规则。因此，MIRV 的前锥体可能装有 1 枚弹头，并作为 1 枚弹头计算，尽管它可以很快再装载 9 枚弹头。超过规定限额的弹头不必拆除或销毁，只需储存起来即可。因此，布什政府表示，它计划将至少 2 400 枚弹头保持在随时储备状态。根据军控专家的悲观评估，该条约总共不到 500 字，否定了关键的军控原则和成就，回避了可预见性，并加剧了俄罗斯不安全的核武器综合体带来的扩散危险。从本质上讲，《削减进攻性战略武器条约》是将各国的核计划视为自己的事情。

| 新的削减战略武器计划

布什政府在《第一阶段削减战略武器条约》到期之前，曾试图制定一份后续协议，但却陷入了困境。美国和苏联于1991年7月签署的《第一阶段削减战略武器条约》的一个核心内容是，双方都可以利用其核查系统来监督《削减进攻性战略武器条约》。布什官员知道条约谈判可能需要多长时间，他们本可以将达成某种协议以延长核查系统作为优先事项，但他们没有这样做。由于最后期限已过，奥巴马政府面临着一项艰巨的挑战，即谈判一项全新的条约，以赢得67位美国参议员的选票，同时还要应对俄罗斯对美国拟在欧洲建立导弹防御系统的反对意见，而这并不在最初考虑《第一阶段削减战略武器条约》时的计划之列。奥巴马政府非常清楚俄罗斯的担忧——在布什时期，普京总统和俄罗斯国防部长、军事将领们一再重申了这一点。但在2009年和2010年，利害关系更加重大。布什只希望俄罗斯默许他在波兰和捷克共和国部署美国导弹防御系统的计划，奥巴马也希望如此，但他的政府还需要俄罗斯在新的《第一阶段削减战略武器条约》上与其合作。

尽管正在进行的谈判早早遭遇挫折，但巴拉克·奥巴马总统和德米特里·梅德韦杰夫（Dmitry Medvedev）总统于2009年12月18日在哥本哈根会晤后，仍乐观地认为新条约将在近期准备就绪。华盛顿要求按照1991年《第一阶段削减战略武器条约》的要求，共享俄罗斯进攻性导弹试验的未加密遥测数据，这一要求阻碍了条约的达成。反过来，莫斯科现在又将美国对未加密遥测数据的渴望与更多有关美国导弹防御的数据联系起来。按照《第一阶段削减战略武器条约》中的约定，美国寻求的是每次飞行试验后的遥测数据，以及解读数据的密钥，并保证不干扰或加密这些数据。阻碍的出现是因为美国没有建造新的洲际弹道导弹，而是在升级现有型号，如三叉戟D-5。与此同时，俄罗斯计划测试和部署新型导弹，如RS-24机动导弹，以取代苏联时代的老旧导弹。因此，美国不会报告进攻性导弹试验，但俄罗斯会。不过，美国将试验反导弹拦截器，但不想被要求与莫斯科分享这些数据。2009年12月29日，俄罗斯总统弗拉基米尔·普京在电视上宣布，俄罗斯需要更多有关美国导弹防御的详细信息。普京担心导弹防御会给美国带来好处，他解释说："问题是我们的美国伙伴正在发展导弹防御系统，而我们没有。"

对战略运载系统的分歧也提出了挑战：莫斯科一再寻求比华盛顿更低的数量。2009年7月，奥巴马和梅德韦杰夫曾建议将运载系统限制在500～1 100套，后来，美国将重

144

点放在中间点 800 套左右。这接近美国目前部署的运载系统
的数量。俄罗斯目前只部署了约 620 套运载系统，因此要求
将数字降低到 550 套左右。无论将运载系统的数量设定在什
么水平，预计弹头的数量都将限制在 1 600 枚左右。与此同
时，所有 40 名共和党参议员以及独立参议员约瑟夫·利伯
曼（Joseph Lieberman）于 12 月 15 日警告奥巴马总统说：
"我们不应该将核弹头的数量限制在 1 600 枚左右。我们认
为，在缺乏核威慑现代化重大计划的情况下，进一步削减
核弹头不符合美国的国家安全利益。"政府被告知，批准任
何新条约都要付出代价，因为新条约需要参议院三分之二
成员的赞成。

奥巴马与梅德韦杰夫：
新削减战略武器条约

　　2010 年 4 月 8 日，奥巴马和梅德韦杰夫在布拉格签署了
《新削减战略武器条约》，以取代到期的 1991 年的《第一阶
段削减战略武器条约》。这项具有法律约束力、可核查的条
约将各国部署的战略核弹头限制在 1 550 枚，将战略运载系
统限制在 800 套（已部署和未部署）。这两项数量大幅削减
意味着新条约规定的弹头数量限制比《削减战略武器条约》
规定的 2 200 枚的限制低了 30%，运载系统数量限制比《第

一阶段削减战略武器条约》规定的 1 600 套的限制低了50%。新的 1 550 枚战略核弹头的限制适用于在洲际弹道导弹、潜射弹道导弹和携带单枚核弹头的重型轰炸机上部署。新条约为双方提供了自由组合和发展自身力量结构的空间。虽然每个国家的战略运载系统数量被限制在了800套，但只有 700 套被允许部署，其他的只能用于训练和测试。没有导弹的发射器被视为未部署。新条约要求的削减应在条约生效后七年内完成。此外，该条约还调整了《第一阶段削减战略武器条约》核查制度的内容，定期精简监测规定以满足新条约时代的要求。这些措施包括与条约所载战略武器有关的现场视察和展览、数据交换和通知，以及通过国家技术手段加强核查监测。视察规定分为两类，第一类视察在洲际弹道导弹、潜艇和空军基地进行，而第二类视察则针对洲际弹道导弹装载区、试验场和训练场等其他场所。放松现场视察的一个主要原因是，过去二十年来，核查监测的国家技术手段有了显著提高。与1991年的情况相比，这些改进使得获得更多相关信息成为可能。

　　与华盛顿相比，莫斯科批准《新削减战略武器条约》要容易得多。2010年12月底，俄罗斯议会下议院以350票赞成、58票反对的压倒性票数初步批准了该条约，并于次月批准了二读和三读报告。2011 年 1 月底，上议院表示同意，梅德韦杰夫签署新条约后，批准程序即告完成。与此同时，在华盛顿，多位共和党参议员提出了几个问题：总统是否会为美国核力量的现代化分配足够的资金？新条约是否干扰了美国部署导弹防御系统的计划？新条约为何没有削减战术核武器？经过八个月的拖延和八天的辩论，参议院于 12 月 22 日以 71 票赞成对 26 票反对批准了该条约，新条约于 2011 年 2 月 5 日生效。

然而，批准是有代价的，因为政府承诺在十年内提供 100 亿美元，用于增加已经扩大的核武器综合体预算。鉴于预算紧张，美国无疑将重新考虑追加现代化资金的承诺，甚至可能重新考虑其拥有四十多年历史的洲际弹道导弹、潜射弹道导弹和轰炸机"三位一体"系统。

零核武器？

2009 年 4 月 5 日，奥巴马总统在布拉格勾画了一条通往"无核武器世界"的道路。希望通过废除核武器来加强世界安全，这当然不是什么新想法。如果说奥巴马不是第一个倡导"零核武器"理念的人，那么作为超级大国的总统，他对消除核武器的理念给予了特别重要的祝福，引起了全世界的关注和认可。在此过程中，他引导人们关注核不扩散机制的各项要素"以切断制造核弹所需的基石"。他说，"我们将共同努力加强《核不扩散条约》，将其作为合作的基础"。为此，他承诺争取批准《全面禁止核试验条约》，寻求一项可核查的停止生产裂变材料的新条约，并为民用核合作找到一个新的框架，包括一个新的国际燃料库，以便各国能够在不增加扩散风险的情况下获得和平能源。

因此，国际原子能机构理事会于2010年12月批准了一项燃料银行计划。进入该计划的资格取决于一个国家是否同意对其所有和平核活动采取全面保障措施。美国、欧盟、科威特、阿拉伯联合酋长国和挪威承诺提供1亿美元，为成立的核燃料银行购买和接收约60~80吨低浓缩铀。最后，总统在致辞中承认，并非所有国家都会遵守规则。"我们不会抱有幻想。有些国家会违反规则，但这就是为什么我们需要建立一个机构，确保任何一个国家一旦违反规则，就会面临后果。"他继续强调，"需要加强国际检查和面对真正和直接的后果。"制造原子弹总是比找到利用它的方法要容易得多。

特朗普与伊朗

2018年5月8日，美国总统唐纳德·特朗普（Donald Trump）兑现了他的竞选承诺，宣布退出《联合全面行动计划》（Joint Comprehensive Plan of Action）。该计划为伊朗至少在未来十年或十五年内发展核武器设立了一套强有力的可核查限制。特朗普推翻了奥巴马总统的这一标志性外交政策成果——2015年7月14日，由伊朗、"五常加一"（联合国安全理事会五个常任理事国——中国、法国、俄罗斯、英国和美国，外加德国）和欧盟在维也纳达成——重新实施了美国在该计划施行前对伊朗实施的严厉制裁，实施"最大压力"运动以遏制德黑兰的核野心。最初的《联合全面行动计划》严格限制了伊朗的核计划，以换取制裁的结束，这些制裁曾使伊朗经济瘫痪。

　　《联合全面行动计划》的其他签署国表示将继续施行该计划。但特朗普向盟国发出通知，欧洲国家如果与伊朗做生意，将面临美国的制裁，必须在美国和伊朗之间做出选择。美国二次制裁的力度之大，几乎没有欧洲国家能够抵挡。伊朗为此做出了回应，横跨战略要地霍尔木兹海峡（世界20%的石油流经该海峡），袭击了波斯湾和阿曼湾的油轮，并在边境击落了一架美国无人侦察机，同时加紧生产核燃料，并威胁要退出该计划。美国和伊朗这两个长期敌对的国家正急速走向不可预测的危机和战争。与此同时，伊朗的历史宿敌以色列和沙特阿拉伯还在观望。

｜特朗普-金正恩谈判

　　在朝鲜违反联合国制裁，美国总统特朗普和朝鲜最高领导人金正恩展开了一场激烈的口水战之后，双方于2018年6月12日在新加坡进行了自1950至1953年朝鲜战争之后美朝领导人之间的首次峰会，以解决朝核危机。在双方精彩的个人峰会外交之后，特朗普和金正恩同意朝鲜半岛"完全无核化"，但没有确定这意味着什么或如何实现。有关细节的讨论留待下一天进行。与此同时，金正恩继续暂停核试验和远程导弹试验，而特朗普则继续对朝鲜实施制裁和施压。

2019年2月，特朗普和金正恩在越南河内举行了第二次会晤，这次会晤在解除制裁问题上出现分歧后不欢而散。具体而言，特朗普拒绝了金正恩提出的以拆除其主要核设施换取解除重大制裁的要求。几个月后，2019年6月，在两人的第三次会晤中，特朗普总统在朝韩之间非军事区旁的一个共同控制区与金正恩委员长握手，他成为第一位越境进入朝鲜的美国总统。在简短的讨论中，两位领导人同意恢复工作会谈。在三次峰会之后，双方都没有取得什么成果，除了朝鲜继续进行短程范围的导弹试验。这一成果几乎没有引起华盛顿的批评，因为华盛顿倾向于把重点放在确保暂停平壤的核武器和远程弹道导弹试验上。无核化谈判破裂后，朝鲜半岛局势再度紧张。

| 特朗普与普京

2019 年 2 月，特朗普政府宣布美国将退出 1987 年与俄罗斯签署的具有里程碑意义的核军备条约——《中程导弹条约》。特朗普政府声称克里姆林宫多年来一直违反该条约。由于中程导弹的飞行时间很短——只有十分钟，因此在最坏的情况下，它们被视为核战争的导火索。而最坏情况是，它们会对美国在欧洲的北约盟国构成持续威胁。根据可追溯到奥巴马政府时期的信息，美国将违约责任归咎于俄罗斯总统弗拉基米尔·普京，但普京否认了所有指控，同时声称新型高超音速武器的威胁与日俱增。

虽然特朗普和国务卿迈克·蓬佩奥（Mike Pompeo）称《中程导弹条约》已经过时——美国已经为新型中程导弹开了绿灯——但欧洲领导人表示，答案是重新谈判该条约，而不是废除它。俄罗斯则强调美国集结核导弹的风险。尽管特朗普和普京之间明显存在默契，但俄美之间的核竞争还是给人一种不祥的感觉。

美国与俄罗斯、朝鲜和伊朗的核竞争让人感觉我们仍生活在冷战时期。从 1989 年柏林墙倒塌到现在，冷战仅仅休止了三十年。无论我们如何称呼它——新冷战还是冷战二——拥核国家之间再次出现了尖锐对抗，俄罗斯与北约成员国之间存在军事对抗的威胁。至少到目前为止，还没有变成世界末日。

参考资料和延伸阅读

　　下面列出的出版物是我认为最适合新手进一步阅读的资料来源，因为这方面的文献浩如烟海。限于篇幅，不得不略去该领域许多优秀的重要著作。

前言

　　亚当·史密斯议员关于新一轮核军备竞赛危险性的观点参见：《今日军备控制》，48:10（2018年12月），6-9。莱斯·阿斯平、温斯顿·丘吉尔和马德琳·奥尔布赖特的评论分别载于 David G. Coleman, Joseph M. Siracusa, *Real-World Nuclear Deterrence：The Making of International Strategy* (Praeger Security International, 2006)；and Joseph M. Siracusa, The "New" Cold War History and the Origins of the Cold War', Australian Journal of Politics and History, 47:1(2001), 149-55.

第1章：什么是核武器

　　《原子科学家公报》创刊于1945年，是一份由核物理学家发行的关注核战争可能性的期刊。75年来，该公报标志性的"末日时钟"一直追随着核紧张局势的起伏转动。

　　有关冷战早期核武器试验深远影响的讨论，请参阅：

A History of U.S. Nuclear Testing and Its Influence on Nuclear Thought, 1945–1963（Rowman & Littlefield，2014）；and John R. Walker，*British Nuclear Weapons and the Test Ban*，1954–1973. *Britain，the United States，Weapons Policies and Nuclear Testing：Tensions and Contradictions*（Ashgate，2010）.

有关核恐怖分子威胁的介绍，请参阅：

Graham Allison，*Nuclear Terrorism：The Ultimate Preventable Catastrophe*（Times Books，2004）. Also useful are Scott D. Sagan and Kenneth N. Waltz，*The Spread of Nuclear Weapons：A Debate Renewed*（W. W. Norton，2003）；Joseph Cirincione，Jon Wolfstahl，and Miriam Rajkumar，*Deadly Arsenals：Nuclear，Biological and Chemical Threats*（Carnegie Endowment for International Peace，2005）；and Alethia H. Cook，*Terrorist Organizations and Weapons of Mass Destruction：U.S. Threats，Responses，and Policies*（Rowman & Littlefield，2017）.

第2章：核武器的诞生

有关二战参战国各种核活动的详情，请参阅：

Richard Dean Burns and Joseph M. Siracusa，*A Global History of the Nuclear Arms Race：Weapons，Strategy，and Politics*（2 vols，Praeger，2013）. Also useful are Richard Rhodes，*The Making of the Atomic Bomb*（Simon and Schuster，1986）；McGeorge Bundy，*Danger and Survival：Choices about the Bomb in the First Fifty Years*（Random House，1988）；and Mark Walker，*German National Socialism and the Quest for Nuclear Power*，1939–1949（Cambridge University Press，1989）. The story of

Einstein's famous letter to President Franklin D. Roosevelt is ably told in Walter Isaacson, *Einstein*: *His Life and Universe* (Simon & Schuster, 2008); and Martin J. Sherwin, *A World Destroyed*: *Hiroshima and Its Legacies* (3rd edn, Stanford University Press, 2003).

关于"原子外交"的辩论，请参阅：

Gar Alperovitz, *The Decision to Use the Atomic Bomb and the Architecture of an American Debate* (Harper Collins, 1995); Robert James Maddox, *Weapons for Victory*: *The Hiroshima Decision Fifty Years Later* (University of Missouri Press, 1995); and Wilson D. Miscamble, *The Most Controversial Decision*: *Truman*, *the Atomic Bomb*, *and the Defeat of Japan* (Cambridge University Press, 2011).

关于战时轰炸平民的影响，请参阅：

Jorg Friedrich, *The Fire*: *The Bombing of Germany*, 1940–1945 (Columbia University Press, 2007); and the incomparable John Hersey, *Hiroshima* (Penguin, 1946).

第3章：生与死的抉择

有关巴鲁克计划的详细论述，其中包含相当数量的原始资料，请参阅：

Leneice N. Wu's essay in Richard Dean Burns (ed.), *Encyclopaedia of Arms Control and Disarmament* (3 vols, Charles Scribner's Sons, 1993); and Richard G. Hewlett and Oscar E. Anderson, Jr, *A History of the United States Atomic Energy Commission*, vol. 1, The New World, 1939/1946 (University of

Pennsylvania, 1962).

最好的历史评论包括：

Barton J. Bernstein, 'The Quest for Security: American Foreign Policy and International Control of Atomic Energy', *Journal of American History*, 60 (March 1974), 1003–44; and Larry Gerber, 'The Baruch Plan and the Origins of the Cold War', *Diplomatic History*, 6 (Winter 1982), 69–95.

第4章：氢弹竞赛

关于氢弹决策及其对冷战的影响，可参阅：

Coleman and Siracusa, *Real-World Nuclear Deterrence*; and Ken Young and Warner Schilling, *Organizational Conflict and the Development of the Hydrogen Bomb* (Cornell University Press, 2020). The famous NSC 68 document is reassessed in Ken Young, 'Revisiting NSC 68', *Journal of Cold War Studies*, 15: 1 (Winter 2013), 3–33. Comments by the Atomic Energy Commission's advisory committee against, and Truman's defence of, the H-bomb are found in Blades and Siracusa, *A History of U.S. Nuclear Testing and Its Influence on Nuclear Thought*, 1945–1963.

关于氢弹历史背景请参阅：

Norman A. Graebner, Richard Dean Burns, and Joseph M. Siracusa, *America and the Cold War*, 1941–1991 (2 vols, Praeger, 2010); and David James Gill, *Britain and the Bomb: Nuclear Diplomacy*, 1964–1970 (Stanford University Press, 2014).

苏联方面关于氢弹的故事请参阅：

David Holloway, *Stalin and the Bomb: The Soviet Union and Atomic Energy*, 1939–1956 (Yale University Press, 1994); and Vojtech Mastny, *The Cold War and Soviet Insecurity: The Stalin Years* (Oxford University Press, 1996). Also see, Vladislav M. Zubok and Constantine Pleshakov, *Inside the Kremlin's Cold War: From Stalin to Khrushchev* (Harvard University Press, 1996).

全球反核运动的故事，以及塑造这一运动的力量、人物和事件，请参阅：

Lawrence S. Wittner, *The Struggle Against the Bomb* (3 vols, Stanford University Press, 1993–2003).

第5章：核威慑与军备控制

雷蒙德·L. 加索夫（Raymond L. Garthoff）的三部著作不可或缺。

Deterrence and the Revolution in Soviet Military Doctrine (Brookings Institution, 1990), *Soviet Strategy in the Nuclear Age* (revised edition, Praeger, 1962), and *Détente and Confrontation: American Soviet Relations from Nixon to Reagan* (Brookings Institution, 1985). In this same category I also include Lawrence Freedman's *The Evolution of Nuclear Strategy* (3rd edn, Palgrave Macmillan, 2003) and *Deterrence* (Polity, 2004); and Richard Dean Burns, *The Evolution of Arms Control: From Antiquity to the Nuclear Age* (Praeger Security International, 2009).

这些年的条约里程碑事件可见于：

Richard Dean Burns (ed.), *Encyclopaedia of Arms Control*

and Disarmament（3 vols, Charles Scribner's Sons, 1993）.

关于限制战略武器潜在威胁的军备控制努力可参阅：

McGeorge Bundy, *Danger and Survival*; and J. P. G. Freeman, *Britain's Nuclear Arms Control Policy in the Context of Anglo-American Relations*, 1957–1968（St Martin's Press, 1986）。

关于核试验的辩论和有限禁止核试验条约的谈判，请参阅：

Robert Divine, *Blowing on the Wind : The Nuclear Test Ban Debate*, 1954–1960（Oxford University Press, 1978）; Glenn Seaborg, *Kennedy, Khrushchev and the Test Ban*（University of California Press, 1981）; and Blades and Siracusa, *A History of U.S. Nuclear Testing and Its Influence on Nuclear Thought*, 1945–1963.

关于里根时期和军备控制，请参阅：

James Mann, *The Rebellion of Ronald Reagan : A History of the End of the Cold War*（Viking, 2009）; and Norman A. Graebner, Richard Dean Burns, and Joseph M. Siracusa, *Reagan, Bush, Gorbachev : Revisiting the End of the Cold War*（Praeger Security International, 2008）.

有关苏联对核军备控制的评论，请参阅：

Anatoly Dobrynin, *In Confidence : Moscow's Ambassador to America's Six Cold War Presidents*（Times Books, 1995）; and Mikhail Gorbachev, *Memoirs*（Doubleday, 1995）and *Reykjavik : Results and Lessons*（Sphinx Press, 1987）.

关于武器发展阶段，请参阅：

Philip E. Coyle, *Arms Control Today*, 32 (May 2002) : 5.

第6章：星球大战

综述包括：Richard Dean Burns and Lester H. Brune, *The Quest for Missile Defenses*, 1944-2003 (Regina Books, 2004); and James M. Lindsay and Michael E. O'Hanlon, *Defending America : The Case for Limited National Missile Defense* (Brookings Institution Press, 2001). Also, see Steven J. Zaloga, *The Kremlin's Nuclear Sword : The Rise and Fall of Russia's Strategic Nuclear Forces*, 1945-2000 (Smithsonian Institution Press, 2002).

有关1968年辩论部署问题，请参阅：

Edward R. Jayne, *The ABM Debate : Strategic Defense and National Security* (Center for Strategic Studies, 1969); Abram Chayes and Jerome Wiesner (eds), *ABM : An Evaluation of the Decision to Deploy an Antiballistic Missile System* (Harper and Row, 1969); and James Cameron, *The Double Game : The Demise of America's First Missile Defence System and the Rise of Strategic Arms Limitation* (Oxford University Press, 2018).

关于里根的倡议，可参阅：

William L. Broad, *Teller's War : The Top Secret Story Behind the Star Wars Deception* (Simon and Schuster, 1992); Sydney Drell et al., *The Reagan Strategic Defense Initiative : A Technical, Political and Arms Control Assessment* (Harvard University Press, 1985); and Frances Fitzgerald, *Way Out There in the Blue : Reagan, Star Wars and the End of the Cold War* (Simon and Schuster, 2000). For the Soviet perspective, see David S. Yost, *Soviet Ballistic Missile Defense and the Western Alliance* (Harvard University Press, 1988).

第7章: 后冷战时代

有关冷战后不扩散核历史的概述, 请参阅:

Burns and Siracusa, *A Global History of the Nuclear Arms Race: Weapons: Strategy, and Politics*, vol. 2; and Joseph M. Siracusa and Aiden Warren, *Weapons of Mass Destruction: The Search for Global Security* (Rowman & Littlefield, 2017).

苏联/俄罗斯方面的故事, 可参阅:

Steven J. Zalogo, *The Kremlin's Nuclear Shield: The Rise and Fall of Russia's Strategic Nuclear Forces*, 1945–2000 (Smithsonian Institution Press, 2002); Raymond L. Garthoff, *The Great Transition: American-Soviet Relations and the End of the Cold War* (The Brookings Institution, 1994); and Vladislav M. Zubok, *A Failed Empire: The Soviet Union in the Cold War from Stalin to Gorbachev* (University of North Carolina Press, 2007).

著名的内幕消息包括:

James Baker, Ⅲ, *The Politics of Diplomacy: Revolution, War and Peace*, 1989–1992 (Putnam's, 1995); Robert M. Gates, *From the Shadows: The Ultimate Insider's Story of Five Presidents and How They Won the Cold War* (Simon & Schuster, 1996); and James B. Goodby, *At the Borderline of Armageddon: How American Presidents Managed the Atom Bomb* (Rowman &

Littlefield，2006）.

关于零核武器的争论可参阅：

Bruce G. Blair, *Global Zero Alert for Nuclear Forces*（The Brookings Institution，1995）; and George Perkovich, *Abolishing Nuclear Weapons*：*A Debate*（Carnegie Endowment for International Peace，2009）.

有关整体观点，请参阅：

William Walker, *A Perpetual Menace*：*Nuclear Weapons and International Order*（Routledge，2012）; Nicholas L. Miller, *Stopping the Bomb*：*The Sources and Effectiveness of US Nonproliferation Policy*（Cornell University Press，2018）; and Matthew Ambrose, *The Control Agenda*：*A History of the Strategic Arms Limitation Talks*（Cornell University Press，2018）.